普通高等教育工程造价类专业"十二五"系列规划教材

建筑安装工程识图

主　编　李海凌　李太富

参　编　蒋　露

主　审　陶学明

机械工业出版社

本书详细介绍了安装工程,即建筑管道工程、建筑电气工程、建筑暖通空调工程施工图的识读。其主要内容包括安装工程识图基础知识、建筑给水排水施工图的识读、建筑消防水系统施工图的识读、暖通空调施工图的识读、建筑电气施工图的识读、智能建筑系统施工图的识读、安装工程施工图识读实例。每章在介绍了基础知识、识读方法及步骤后,均有实际工程范例图样辅助识读讲解。

本书可作为高等院校工程造价、工程管理、房地产开发与管理、建筑工程等专业的教材,也可供建筑类相关专业学生和建筑设备安装、工程造价从业人员学习参考。

本书配有电子课件,免费提供给选用本书的授课教师。需要者请登录机械工业出版社教育服务网(www.cmpedu.com)注册下载,或根据书末的"信息反馈表"索取。

图书在版编目(CIP)数据

建筑安装工程识图/李海凌,李太富主编. —北京:机械工业出版社,2014.6(2024.9重印)

普通高等教育工程造价类专业"十二五"系列规划教材

ISBN 978-7-111-46836-3

Ⅰ.①建… Ⅱ.①李…②李… Ⅲ.①建筑安装-建筑制图-识图-高等学校-教材 Ⅳ.①TU204

中国版本图书馆 CIP 数据核字(2014)第 109880 号

机械工业出版社(北京市百万庄大街 22 号　邮政编码 100037)
策划编辑:刘　涛　责任编辑:刘　涛　林　辉
版式设计:霍永明　责任校对:佟瑞鑫
封面设计:马精明　责任印制:单爱军
北京虎彩文化传播有限公司印刷
2024 年 9 月第 1 版第 9 次印刷
169mm×239mm · 10 印张 · 4 插页 · 178 千字
标准书号:ISBN 978-7-111-46836-3
定价:25.00 元

电话服务　　　　　　　　　网络服务
客服电话:010-88361066　　机 工 官 网:www.cmpbook.com
　　　　　010-88379833　　机 工 官 博:weibo.com/cmp1952
　　　　　010-68326294　　金 书 网:www.golden-book.com
封底无防伪标均为盗版　　　机工教育服务网:www.cmpedu.com

普通高等教育工程造价类专业"十二五"系列规划教材

编 审 委 员 会

序 一

1996年，建设部和人事部联合发布了《造价工程师执业资格制度暂行规定》，工程造价行业期盼多年的造价工程师执业资格制度和工程造价咨询制度在我国正式建立。该制度实施以来，我国工程造价行业取得了三个方面的主要成就：

一是形成了独立执业的工程造价咨询产业。通过住房和城乡建设部标准定额司和中国建设工程造价管理协会（以下称中价协），以及行业同仁的共同努力，造价工程师执业资格制度和工程造价咨询制度得以顺利实施。目前，我国已拥有注册造价工程师近11万人，甲级工程造价咨询企业1923家，年产值近300亿元，进而形成了一个社会广泛认同独立执业的工程造价咨询产业。该产业的形成不仅为工程建设事业做出了重要的贡献，也使工程造价专业人员的地位得到了显著提高。

二是工程造价管理的业务范围得到了较大的拓展。通过大家的努力，工程造价专业从传统的工程计价发展为工程造价管理，该管理贯穿于建设项目的全过程、全要素，甚至项目的全寿命周期。造价工程师的地位之所以得以迅速提高就在于我们的业务范围没有仅仅停留在传统的工程计价上，而是与我们提出的建设项目全过程、全要素和全寿命周期管理理念得到很好的贯彻分不开的。目前，部分工程造价咨询企业已经通过他们的工作成就，得到了业主的充分肯定，在工程建设中发挥着工程管理的核心作用。

三是通过推行工程量清单计价制度实现了建设产品价格属性从政府指导价向市场调节价的过渡。计划经济体制下实行的是预算定额计价，显然其价格的属性就是政府定价；在计划经济向市场经济过渡阶段，仍然沿用预算定额计价，同时提出了"固定量、指导价、竞争费"的计价指导原则，其价格的属性具有政府指导价的显著特征。2003年《建设工程工程量清单计价规范》实施后，我们推行工程量清单计价方式，该计价方式不仅是计价模式形式上的改变，更重要的是通过"企业自主报价"改变了建设产品的价格属性，它标志着我们成功地实现了建设产品价格属性从政府指导价向市场调节价的过渡。

尽管取得了具有划时代意义的成就，但是，必须清醒地看到我们的主要业务范围还是相对单一、狭小，具有系统管理理论和技能的工程造价专业人才仍很匮乏，学历教育的知识体系还不能适应行业发展的要求，传统的工程造价管理体系部分已经不能适应构建适应我国法律框架和业务发展要求的工程造价管理的发展要求。这就要求我们重新审视工程造价管理的内涵和任务、工程造价行业发展战略和工程造价管理体系等核心问题。就上述三个问题笔者认为：

1. 工程造价管理的内涵和任务。工程造价管理是建设工程项目管理的重要组成部分，它是以建设工程技术为基础，综合运用管理学、经济学和相关的法律知识与技能，为建设项目的工程造价的确定、建设方案的比选和优化、投资控制与管理提供智力服务。工程造价管理的任务是依据国家有关法律、法规和建设行政主管部门的有关规定，对建设工程实施以工程造价管理为核心的全面项目管理，重点做好工程造价的确定与控制、建设方案的优化、投资风险的控制，进而缩小投资偏差，以满足建设项目投资期望的实现。工程造价管理应以工程造价的相关合同管理为前提，以事前控制为重点，以准确工程计量与计价为基础，并通过优化设计、风险控制和现代信息技术等手段，实现工程造价控制的整体目标。

2. 工程造价行业发展战略。一是在工程造价的形成机制方面，要建立和完善具有中国特色的"法律规范秩序，企业自主报价，市场形成价格，监管行之有效"工程价格的形成机制。二是在工程造价管理体系方面，构建以工程造价管理法律、法规为前提，以工程造价管理标准和工程计价定额为核心，以工程计价信息为支撑的工程造价管理体系。三是在工程造价咨询业发展方面，要在"加强政府的指导与监督，完善行业的自律管理，促进市场的规范与竞争，实现企业的公正与诚信"的原则下，鼓励工程造价咨询行业"做大做强，做专做精"，促进工程造价咨询业可持续发展。

3. 工程造价管理体系。工程造价管理体系是指建设工程造价管理的法律法规、标准、定额、信息等相互联系且可以科学划分的整体。制订和完善我国工程造价管理体系的目的是指导我国工程造价管理法制建设和制度设计，依法进行建设项目的工程造价管理与监督。规范建设项目投资估算、设计概算、工程量清单、招标控制价和工程结算等各类工程计价文件的编制。明确各类工程造价相关法律、法规、标准、定额、信息的作用、表现形式以及体系框架，避免各类工程计价依据之间不协调、不配套、甚至互相重复和矛盾的现象。最终通过建立我国工程造价管理体系，提高我国建设工程造价管理的水平，打造具有中国特色和国际影响力的工程造价管理体系。工程造价管理体系的总体架构应围绕四个部分进行完善，即工程造价管理的法规体系、工程造价管理标准体系、工程计价定额体系以及工程计价信息体系。前两项是以工程造价管理为目的，需要法规和行政授权加以支撑，要将过去以红头文件形式发布的规定、方法、规则等以法规和标准的形式加以表现；后两项是服务于微观的工程计价业务，应由国家或地方授权的专业机构进行编制和管理，作为政府服务的内容。

　　我国从 1996 年才开始实施造价工程师执业资格制度，至今不过十几年的时间。天津理工大学在全国率先开设工程造价本科专业，2003 年才获得教育部的批准。但是，工程造价专业的发展已经取得了实质性的进展，工程造价业务从传统概预算计价业务发展到工程造价管理。尽管如此，目前，我国的工程造价管理体系还不够完善，专业发展正在建设和变革之中，这就急需构建具有中国特色的工程造价管理体系，并积极把有关内容贯彻到学历教育和继续教育中。2010 年 4 月，笔者参加了 2010 年度"全国普通高等院校工程造价类专业协作组会议"，会上通过了尹贻林教授提出的成立"普通高等教育工程造价类专业'十二五'系列规划教材"编审委员会的议题。我认为，这是工程造价专业发展的一件大好事，也是工程造价专业发展的一项重要基础工作。该套系列教材是在中价协下达的"造价工程师知识结构和能力标准"的课题研究基础上规划的，符合中价协对工程造价知识结构的基本要求，可以作为普通高等院校工程造价专业或工程管理专业（工程造价方向）的本科教材。2011 年 4 月中价协在天津召开了理事长会议，会议决定在部分普通高等院校工程造价专业或工程管理专业（工程造价方向）试点，推行双证书（即毕业证书和造价员证书）制度，我想该系列教材将成为对认证院校评估标准中课程设置的重要参考。

　　该套教材体系完善，科目齐全，笔者虽未能逐一拜读各位老师的新作，进而加以评论，但是，我确信这将又是一个良好的开端，它将打造一个工程造价专业本科学历教育的完整结构，故笔者应尹贻林教授和机械工业出版社的要求，还是欣然命笔，写了一下对工程造价专业发展的一些个人看法，勉为其序。

中国建设工程造价管理协会　秘书长

吴佐民

序 二

进入 21 世纪，我国高等教育界逐渐承认了工程造价专业的地位。这是出自以下考虑：首先，我国三十余年改革开放的过程主要是靠固定资产投资拉动经济的迅猛增长，导致对计量计价和进行投资控制的工程造价人员的巨大需求，客观上需要在高校中办一个相应的本科专业来满足这种需求；其次，高等教育界的专家、领导也逐渐意识到一味追求宽口径的通才培养不能适用于所有高等教育形式，开始分化，即重点大学着重加强对学生培养的人力资源投资通用性的投入以追求"一流"，而对于更大多数的一般大学则着力加强对学生的人力资源投资专用性的投入以形成特色。工程造价专业则较好地体现了这种专用性，是一个活跃而精准满足了上述要求的小型专业。第三，大学也需要有一个不断创新的培养模式，既不能泥古不化，也不能随市场需求而频繁转变。达成上述共识后，高等教育界开始容忍一些需求大，但适应面较窄的专业。在近十年的办学历程中，工程造价专业周围逐渐聚拢了一个学术共同体，以"普通高校工程造价专业教学协作组"的形式存在着，每年开一次会议，共同商讨在教学和专业建设中遇到的难题，目前已有近三十所高校的专业负责人参加了这个学术共同体，日显人气旺盛。

在这个学术共同体中，大家都认识到，各高校应因地制宜，创出自己的培养特色。但也要有一些核心课程来维系这个专业的正统和根基。我们把这个根基定为与大学生的基本能力和核心能力相适应的课程体系。培养学生基本能力是各高校基础课程应完成的任务，对应一些公共基础理论课程；而核心能力则是今后工程造价专业适应行业要求的培养目标，对应一些各高校自行设置各有特色的工程造价核心专业课程。这两类能力和其对应的课程各校均已达成共识，从而形成了这套"普通高等教育工程造价类专业'十二五'系列规划教材"。以后的任务则是要在发展能力这个层次上设置各校特色各异又有一定共识的课程和教材，从英国工程造价（QS）专业的经验看，这类用于培养学生的发展能力的课程或教材至少应该有项目融资及财务规划、价值管理与设计方案优化、LCC 及设施管理等。那将是我们协作组在"十二五"中后期的任务，可能要到"十三五"才能实现。

那么，高等教育工程造价专业的培养对象，即我们的学生应如何看待并使用这套教材呢，我想，学生应首先从工程造价专业的能力标准体系入手真正了解自己为适应工程造价咨询行业或业主方、承包商方工程计量计价及投资控制的需要而应当具备的三个能力层次体系，即成为工程造价专业人士必须掌握的基本能力、核心能力、发展能力入手，了解为适应这三类能力的培养而设置的课程，并检查自己的学习是否掌握了这几种能力。如此循环往复，与教师及各高校的教学计划互动，才能实现所谓的"教学相长"。

工程造价专业从一代宗师徐大图教授在天津大学开设的专科专业并在技术经济专业植入工程造价方向以来，在21世纪初由天津理工大学率先获教育部批准正式开设目录外专业，到本次教育部调整高校专业目录获得全国管理科学与工程学科教学指导委员会全体委员投票赞成保留，历时二十余载，已日臻成熟。期间徐大图教授创立的工程造价管理理论体系至今仍为后人沿袭，而后十余年间又经天津理工大学公共项目及工程造价研究所研究团队及开设工程造价专业的近三十所高校同行共同努力，已形成坚实的教学体系及理论基础，在工程造价这个学术共同体中聚集了国家级教学名师、国家级精品课、国家级优秀教学团队、国家级特色专业、国家级优秀教学成果等一系列国家教学质量工程中的顶级成果，对我国工程造价咨询业和建筑业的发展形成强烈支持，贡献了自己的力量，得到了高等工程教育界的认同也获得世界同行们的瞩目。可以想见经过"十二五"的进一步规划和建设，我国高等工程造价专业教育必将赶超世界先进水平。

天津理工大学公共项目与工程造价研究所（IPPCE）所长

尹贻林　博士　教授

前　　言

　　工程项目建设中，工程图被喻为"工程界的语言"，是用来表达设计意图和交流技术思想的重要工具。设计者将设计意图表达为工程图，建造者将设计蓝图转变成工程实体，工程建设过程中的质量管理、造价管理也无不以图为依据。对于建筑工程专业领域的人员来说，无论是工程技术人员、造价管理人员，还是工程项目管理人员，识读工程图都是一项最基本的能力。因此，建筑工程识图是工程造价、工程管理专业学生必修的一门专业基础课。

　　安装工程施工图是建筑施工图的一部分，它包括建筑管道工程（给水排水工程、消防工程、燃气工程）、建筑暖通空调工程、建筑电气工程三部分，即通常意义上的水、暖、电。本书共7章，第1章介绍安装工程识图的基础知识；第2章介绍建筑给水排水施工图的识读；第3章介绍建筑消防水系统施工图的识读；第4章介绍暖通空调施工图的识读；第5章介绍建筑电气施工图的识读；第6章介绍智能建筑系统施工图的识读；第7章提供完整的水、暖、电施工图各一套，以帮助本门课程的学习者实践练习，巩固识读技巧。

　　本书结构体系完整，教学性强，内容注重实用性，支持启发性和交互式教学。每章在介绍了基础知识、识读方法及步骤后，均有实际工程范例图样辅助识读讲解，每章配有小结。教材配套有电子课件及施工图范例CAD图样，以方便教学及帮助本门课程的学习者实践练习，巩固识读技巧。选用的施工图范例图样均为本教材编写组教师所主持的实际工程设计图样，在实际工程中均已验收。本书可作为工程造价等专业"建筑安装工程识图"课程的教材，也可作为建筑类相关专业学生和建筑业建筑设备安装从业人员学习的教材。

　　全书由西华大学李海凌、李太富共同担任主编。李海凌编写第1章、第5章和第6章，蒋露编写第2章和第3章，李太富编写第4章，第7章由李太富、李海凌共同编写。

　　西华大学建筑与土木工程学院陶学明教授、李颖教授对本书提出了很多宝贵意见，刘彩霞、黎虹君、李雪萍、谢昊田、徐永祺、雷雪莲等参与了工程图设计、修改及文档编辑工作。在此对以上学者、同事及朋友表示衷心的感谢。本书在编写过程中参考了许多相关教材，已将主要参考文献列于书末，谨此向作者及资料提供者致以衷心谢意。

编者虽然努力，但疏漏难免，恳请广大读者批评指正！

编 者

目　　录

第1章 安装工程识图基础知识

教学要求

➤ 了解工程制图的一般规则。

➤ 掌握管道标高、管径、坡度、管道连接等的工程图表示方法。

➤ 掌握电气电路、电气元件、元件接线端子、连接线的表示方法。

安装工程是指为了改善人类生活、生产条件，与建筑物密切联系并相辅相成的所有水力、热力和电力设施的建设工程，包括建筑管道工程（给水排水工程、消防工程、燃气工程）、建筑暖通空调工程、建筑电气工程三个专业，即通常意义上的水、暖、电三个专业。

安装工程的建造过程可描述为识图——施工安装——竣工验收的过程。安装工程的识图不仅需要具备画法几何、建筑构造制图的相应基本知识，具备建筑识图投影关系的概念及空间想象能力，还需要了解工程图的一般规则、制图标准及表示方法。

1.1 制图的一般规则

1.1.1 图纸的幅面

1. 图幅

图幅是指绘制图样的图纸的大小，分为基本幅面和加长幅面两种。工程图纸的幅面及图框尺寸应符合表1-1的规定。横式图纸图幅格式如图1-1所示。A0图

表1-1 幅面及图框尺寸　　　　　　　　（单位：mm）

尺寸代号 ＼ 幅面代号	A0	A1	A2	A3	A4
$b \times l$	841×1189	594×841	420×594	297×420	210×297
c	10			5	
a	25				

注：表中 b 为幅面短边尺寸，l 为幅面长边尺寸，c 为图框线与幅面线间宽度，a 为图框线与装订边间宽度。

纸对折即为 A1 图纸，A1 图纸对折即为 A2 图纸，以此类推。由于实际情况的需要，图纸也允许加长，加长幅面可按表1-2 的规定加长图纸长边，短边一般不允许加长。

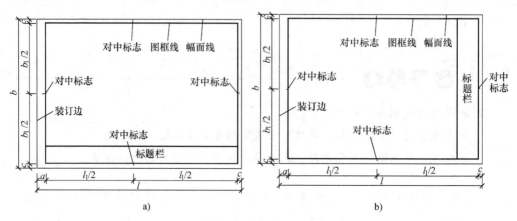

a)   b)

图 1-1　横式图纸图幅格式

表 1-2　图纸长边加长尺寸　　　　　　　　　（单位：mm）

幅面代号	长边尺寸	长边加长后的尺寸				
A0	1189	1486($A0+1/4l$)	1635($A0+3/8l$)	1783($A0+1/2l$)	1932($A0+5/8l$)	2080($A0+3/4l$)
		2230($A0+7/8l$)	2378($A0+l$)			
A1	841	1051($A1+1/4l$)	1261($A1+1/2l$)	1471($A1+3/4l$)	1682($A1+1l$)	1892($A1+5/4l$)
		2102($A1+3/2l$)				
A2	594	743($A2+1/4l$)	891($A2+1/2l$)	1041($A2+3/4l$)	1189($A2+1l$)	1338($A2+5/4l$)
		1486($A2+3/2l$)	1635($A2+7/4l$)	1783($A2+2l$)	1932($A2+9/4l$)	
		2080($A2+5/2l$)				
A3	420	630($A3+1/2l$)	841($A3+1l$)	1051($A3+3/2l$)	1261($A3+2l$)	1471($A3+5/2l$)
		1682($A3+3l$)	1892($A3+7/2l$)			

注：有特殊需要的图纸，可采用 $b \times l$ 为 841mm×891mm 与 1189mm×1261mm 的幅面。

图纸以短边作为垂直边应为横式，以短边作为水平边应为立式。图纸可以横式使用也可以立式使用，但通常情况下，A0～A3 图纸宜横式使用。建筑工程图的图幅应尽量统一，一套图中一般不多于两种图幅。

2. 标题栏

工程图纸的名称、图号、设计人的姓名、审核人的姓名、日期等集中做一个表格放在图纸幅面的右下角，这个栏目就叫标题栏，又叫图标。看图的方向应与标题栏的方向一致。图1-2 所示为常用的标题栏示例。

＊＊＊建筑设计有限公司 证书编号				工程项目	＊＊＊实业有限公司			
				子项名称	＊＊＊大厦			
项目经理		专业负责人		负一层空调水系统平面图		HT		
审定		校核				图别	张次	张数
审核		设计				暖施	08	14
						2012 年 05 月		

图 1-2　常用的标题栏示例

1.1.2　图线

　　图线的线型是指在绘图中使用的不同形式的线，线型的种类很多，如表 1-3 所示，线型分为粗、中、细不同的宽度。在制图时应根据图样的复杂程度和图纸的比例，确定线宽的实际数值，一般先确定粗线，确定粗线线宽是"b"，相应的中线的线宽是 $0.5b$，细线的线宽为 $0.25b$。常用的线宽组见表 1-4 所示。

表 1-3　图线

名　　称		线　　型	线　宽	一　般　用　途
实线	粗		b	主要可见轮廓线
	中粗		$0.7b$	可见轮廓线
	中		$0.5b$	可见轮廓线、尺寸线、变更云线
	细		$0.25b$	图例填充线、家具线
虚线	粗		b	见各有关专业制图标准
	中粗		$0.7b$	不可见轮廓线
	中		$0.5b$	不可见轮廓线、图例线
	细		$0.25b$	图例填充线、家具线
单点长画线	粗		b	见各有关专业制图标准
	中		$0.5b$	见各有关专业制图标准
	细		$0.25b$	中心线、对称线、轴线等
双点长画线	粗		b	见各有关专业制图标准
	中		$0.5b$	见各有关专业制图标准
	细		$0.25b$	假想轮廓线、成型前原始轮廓线
折断线	细	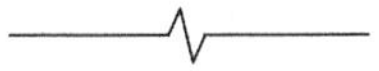	$0.25b$	断开界线
波浪线	细		$0.25b$	断开界线

表1-4　线宽组　　　　　　　　（单位：mm）

线宽比	线 宽 组			
b	1.4	1.0	0.7	0.5
$0.7b$	1.0	0.7	0.5	0.35
$0.5b$	0.7	0.5	0.35	0.25
$0.25b$	0.35	0.25	0.18	0.13

注：1. 需要缩微的图纸，不宜采用0.18及更细的线宽。

　　2. 同一张图纸内，各不同线宽中的细线，可统一采用较细的线宽组的细线。

1.1.3　比例

　　工程图纸中的建筑或者其他要素都不能按照实际大小画在图纸上，都需要按照一定的比例缩小。图形和实物的相对线性尺寸之比，称为比例。比例的选择应根据图样的用途和复杂程度来确定，并且优先选用常用比例。比例选择好以后，注写在图名后面。图纸比例见表1-5。

表1-5　图纸比例

常用比例	1∶1、1∶2、1∶5、1∶10、1∶20、1∶50、1∶100、1∶150、1∶200、1∶500、1∶1000、1∶2000、1∶5000、1∶10000、1∶20000、1∶50000、1∶100000、1∶200000
可用比例	1∶3、1∶4、1∶15、1∶25、1∶40、1∶60、1∶80、1∶250、1∶300、1∶400、1∶600

1.2　管道识图的基本知识

1.2.1　管道标高

　　管道标高是标注管道安装高度的一种注写形式，平面图与系统图中管道标高的标注如图1-3所示。标高符号用细实线绘制，三角形的尖端画在标高引出线上以表示标高位置，尖端的指向既可以向下，也可以向上。剖面图中管道及水位标高应按图1-4所示进行标注。

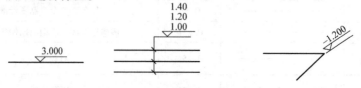

图1-3　平面图与系统图中管道标高的标注

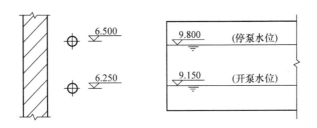

图 1-4　剖面图中管道及水位标高的标注

标高值以 m 为单位，在一般图样中应注写到小数点后第三位，在总平面图及相应的厂区（小区）管道施工图中可注写到小数点后第二位。各种管道应在起迄点、转角点、连接点、变坡点、交叉点等处根据需要标注管道的标高；地沟应标注沟底标高；压力管道应标注管中心标高；室内外重力流管道应标注管内底标高；必要时，室内架空重力流管道可标注管中心标高，但图中应加以说明。在 GB/T 50114—2010《暖通空调制图标准》中，水、汽管道所注标高未予说明时，应表示为管中心标高；水、汽管道标注管外底或顶标高时，应在数字前加"底"或"顶"字样；矩形风管所注标高未予说明时，应表示管底标高；圆形风管所注标高未予说明时，应表示管中心标高。

标高有绝对标高和相对标高两种。绝对标高是以我国山东省青岛市黄海平均海平面为标高的零点，又称为海拔高度。相对标高是将建（构）筑物的底层室内主要地平面作为零点而确定的高度，室内标高以 ±0.000 表示。工程图中的标高均采用相对标高。

1.2.2　管径

施工图上的管道应进行管径标注。管径大小以 mm 为单位，管径标注时通常只注写代号与数字，而不注明单位。《暖通空调制图标准》中，低压流体输送用焊接管道规格应标注公称通径或压力。公称通径的标记应由字母"DN"后跟一个以毫米表示的数值组成；公称压力的代号应为"PN"。输送流体用无缝钢管、螺旋缝或直缝焊接钢管、铜管、不锈钢管，当需要注明外径和壁厚时，应用"D（或 φ）外径×壁厚"表示。在不致引起误解时，也可采用公称通径表示。塑料管外径应用"de"表示。圆形风管和截面定型尺寸应以直径"φ"表示，单位应为 mm。矩形风管（风道）的截面定型尺寸应以"A×B"表示。"A"应为该视图投影面的边长尺寸，"B"应为另一边尺寸。A、B 单位均应为 mm。

管径在图样上一般标注在以下位置上：①管径尺寸变径处；②水平管道的管径尺寸标注在管道的上方；③斜管道的管径尺寸标注在管道的斜上方；④立管的

管径尺寸标注在管道的左侧，如图 1-5 所示。当管径尺寸无法按上述位置标注时，可另找适当位置标注。多根管线的管径尺寸可用引出线进行标注，如图 1-6 所示。

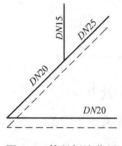

图 1-5　管径标注位置

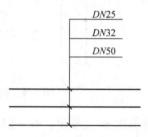

图 1-6　多根管线的管径标注

1.2.3　管道的坡度与坡向

管道的坡度与坡向表示管道倾斜的程度和高低方向，坡度用符号"i"表示，在其后加上等号并注写坡度值。坡向用单面箭头表示，箭头指向低的一端。管道的坡度与坡向如图 1-7 所示。

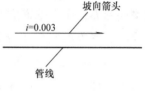

图 1-7　管道的坡度及坡向

1.2.4　管道连接、转向、交叉和重叠

管道连接的形式有多种，一般在施工图说明中注明。常见的有法兰连接、承插连接、螺纹连接和焊接连接等，管道的连接形式和规定符号见表 1-6。

表 1-6　管道的连接形式和规定符号

管道连接形式	规 定 符 号
法兰连接	—————┤├————
承插连接	——————⊃————
螺纹连接	—————┼————
焊接连接	——————／————

管道转向的表示方法如图 1-8 所示。三通、四通的表示方法如图 1-9 所示。当管线相交时，则管线投影交叉。为显示完整，对被遮挡的管线要断开表示，如图 1-10 所示，图中 1 管为最高管，2 管为次高管，3 管为次低管，4 管为最低管。

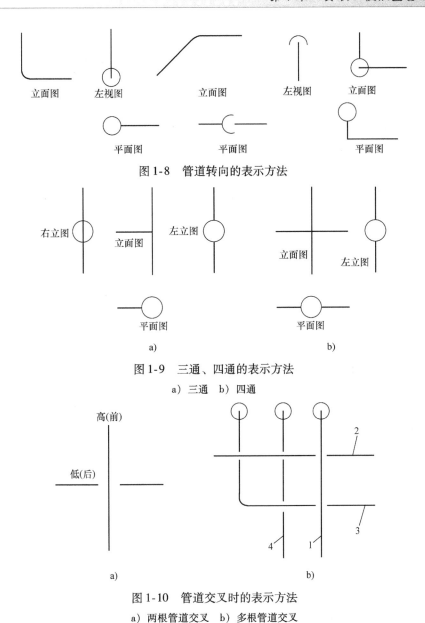

图 1-8 管道转向的表示方法

图 1-9 三通、四通的表示方法

a) 三通 b) 四通

图 1-10 管道交叉时的表示方法

a) 两根管道交叉 b) 多根管道交叉

1.3 电气识图的基本知识

1.3.1 电路的表示方法

电路的表示方法有多线表示法、单线表示法和混合表示法三种。

1. 多线表示法

多线表示法是在电路中对每根连接线或导线各用一条图线来表示。图 1-11a 为多线表示的三相异步电动机 △—丫 起动控制的主电路图。电路的工作原理是：刀开关 Q_1 和交流接触器 Q_2、Q_4 接通后，电动机三相绕组接成丫，电动机减压起动；经过一定的时间，电动机起动完毕，Q_4 断开、Q_3 接通，三相绕组接成 △，电动机转入正常的全电压运行。

用多线表示法绘制的图，能详细地表达各相或各线的内容，尤其是在各相或各线内容不对称的情况下，宜采用这种方法。

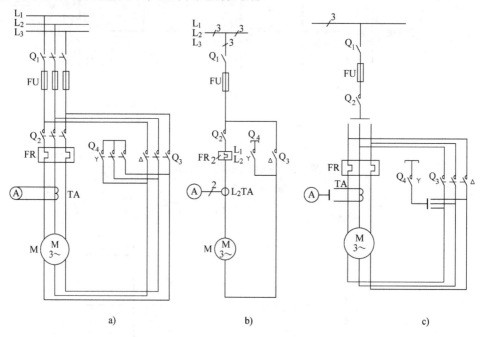

a)　　　　　　　　　　b)　　　　　　　　　　c)

图 1-11　电路的表示方法

a）多线表示法　b）单线表示法　c）混合表示法

2. 单线表示法

单线表示法是在电路中对两根或两根以上的连接线或导线只用一条线来表示。这种表示法还可引申用于图形符号，即用单个图形符号表示多个相同的元器件等。图 1-11b 是用单线表示的三相异步电动机 △—丫 起动控制的主电路，这种表示法主要适用于三相或多线基本对称的情况。对于不对称的部分或用单线没有明确表示的部分，在图中应有另外的说明，补充附加信息，例如在图 1-11b 中，热继电器 FR 是两相的，图中标注了数字"2"和"L_1"、"L_3"；电流互感器 TA 装在 L_2 相，标注了"L_2"等。

3. 混合表示法

混合表示法是在一个电路图中，一部分采用单线表示法，另一部分采用多线表示法，如图 1-11c 所示。为了表示三相绕组的连接情况，说明不对称布置的两相热继电器和单相电流互感器均用了多线表示法；其余三相完全对称部分则用单线表示法。混合表示法同时具有单线表示法的简洁精炼和多线表示法的精确、详尽的优点。

1.3.2　电气元件的表示方法

电气元件的表示方法有集中表示法、半集中表示法、分开表示法、组合表示法和分立表示法等。

1. 集中表示法

集中表示法是把设备或成套装置各组成部分的图形符号在简图上绘制在一起的方法。集中表示法只适用于简单的图。在集中表示法中，元件的各组成部分应用机械连接直线（虚线）互相连接起来。电气元件集中表示法示例如图 1-12所示。

2. 半集中表示法

半集中表示法是把设备或成套装置各组成部分的图形符号在简图上分开布置，并用机械连接符号表示它们之间关系的方法。在半集中表示法中，机械连接线可以弯折、分支和交叉。电气元件半集中表示法示例如图 1-13 所示。

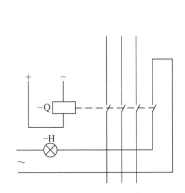

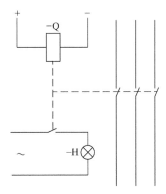

图 1-12　电气元件集中表示法示例　　　　　图 1-13　电气元件半集中表示法示例

3. 分开表示法

分开表示法是使设备和装置的电路布局清晰、易于识别，把一个项目中某些部分的图形符号在简图上分开布置，并用项目代号表示它们之间关系的方法，也称为展开表示法。图 1-14 所示为电气元件分开表示法与集中表示法的比较。

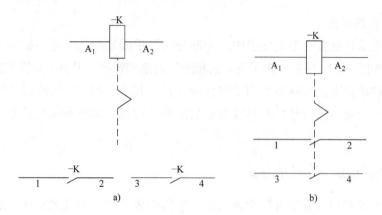

图 1-14　电气元件分开表示法与集中表示法比较

a）分开表示　b）集中表示

4. 组合表示法和分立表示法

组合表示法和分立表示法是将带符号的各部分画在围框线内或将符号各部分连在一起的表示方法。功能上独立的符号的各部分分开表示于图上，它们在结构上是一体的关系，并通过其项目代号加以清晰表示的方法，称为分立表示法。如图 1-15a 所示的两个继电器（—K₁）在功能上是独立的，但在结构上是封装在一起的，将其画在围框内，用代号—K₁表示，这是组合表示法；图 1-15b 所示将两个继电器分开绘制，分别用同一个代号—K₁表示，这是分立表示法。

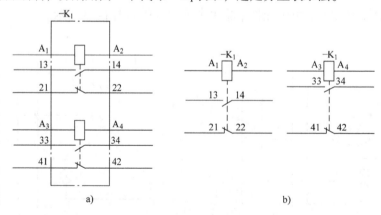

图 1-15　电气元件组合表示法与分立表示法比较

a）组合表示法　b）分立表示法

1.3.3　元件接线端子的表示方法

在电气元件中，用以连接外部导线的导电元件称为端子。端子分为固定端子和可拆卸端子两种，其图形符号："O"或"·"表示固定端子，"Φ"表示可拆卸端子。

电气元件接线端子标记由拉丁字母和阿拉伯数字组成，通常应遵守以下原则：

1）单个元件的两个端点用连续的两个数字表示，如图 1-16a 所示；单个元件的中间各端子一般也用自然递增数序的数表示，如图 1-16b 所示。

2）如果几个相同的元件组合成一个组，各个元件的接线端子的标志方式为：①在数字前冠以字母，如标志三相交流系统的字母 U_1、V_1、W_1 等，如图 1-17a 所示。②若不需要区别相别时，可用数字 1.1、2.1、3.1 进行标志，如图 1-17b 所示。

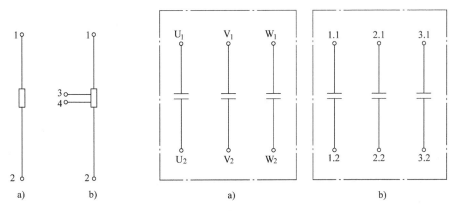

图 1-16　单个元件接线端子
的符号标志

a）端点用连续的两个数字表示

b）各端点用自然递增数序的数表示

图 1-17　相同元件组合接线端子标志
a）区别相别　b）不区别相别

3）同类元件组用相同字母标志时，可在字母前冠以数字来区别。在图 1-18 中，用 $1U_1$、$2U_1$ 等来标志两组三相电阻器的接线端子。

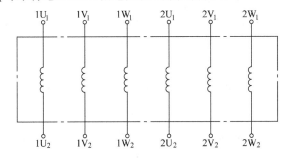

图 1-18　同类元件组接线端子标志

4）特定电器接线端子的标记符号见表1-7，与特定导线相连的电器接线端子标志如图1-19所示。

表1-7　特定电器接线端子的标记符号

序号	电器接线端子的名称		标记符号	序号	电器接线端子的名称	标记符号
				2	保护接地	PE
		1相	U	3	接地	E
1	交流系统	2相	V	4	无噪声接地	TE
		3相	W	5	机壳或机架	MM
		中性线	N	6	等电位	CC

1.3.4　连接线表示方法

在电气图中，各种图形符号之间的相互连线统称为连接线。连接线既是传输能量流、信息流的导线，也是表示逻辑流、功能流的某种特定的图线，是构成电气图的重要组成部分。

1. 一般表示法

导线的一般表示方法如图1-20所示。

连接线的分组和标记表示方法如图1-21所示。母线、总线、配电线束、多芯电线电缆等都视为平行连接线。为了便于看图，对于多条平行连接线，应按功能分组；不能按功能分的，可以任意分组，每组不多于三条，组间距离应大于线间距

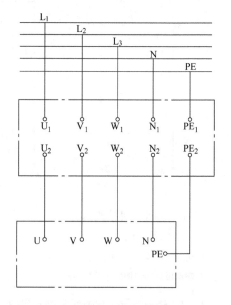

图1-19　与特定导线相连的电器接线端子标志

离。为了表示连接线的功能去向，可以在连接线上加注信号名或其他标记，标记一般置于连接线的上方，也可置于连线的中断处，必要时还可以在连接线上标出信号特性的信息，如波形、传输速度等，使图中内容便于理解。

导线的连接点有"T"形连接点和多线的"＋"形连接点。对"T"形连接点可加实心圆点，也可不加；对"＋"形连接点，必须加实心点"·"，如图1-22a所示。对交叉而不连接的两条连接线，在交叉处不能加实心圆点，应避免在交叉处改变方向或避免穿过其他连接线的连接点，如图1-22b所示，图中 A 处是两导线交叉而不连接。

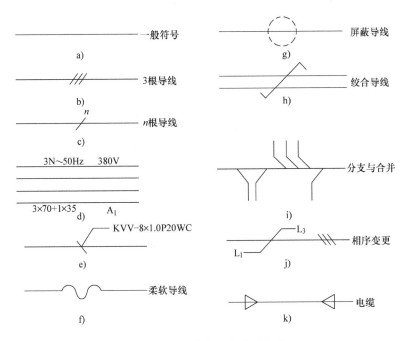

图 1-20　导线的一般表示方法

a）导线的一般表示符号　b）导线根数（4 根以下）的表示　c）导线根数 n 根的表示

d）、e）、f）、g）、h）导线特征符号标注　i）、j）、k）导线换位及其他表示方法

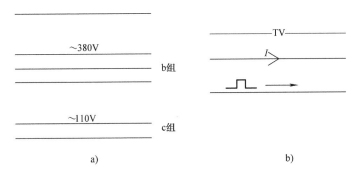

图 1-21　连接线的分组和标记表示方法

a）连接线分组　b）连接线标记

2. 连接线表示法

连接线表示法是将连接线头尾用导线连通的方法，其表现形式为平行连接线和线束两种情况。

（1）平行连接线　平行连接线用多线或单线表示。为了避免线条多，保持图面清晰，对于多条去向相同的连接线常采用单线表示。图 1-23a 表示了 5 根平行线；图 1-23b 所示为采用标记 A、B、C、D、E 表示连接线的连接顺序。

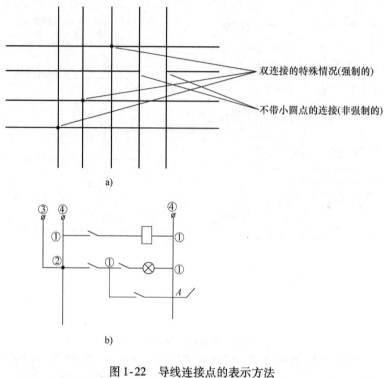

图 1-22 导线连接点的表示方法

a）实心圆点连接 b）交叉不连接

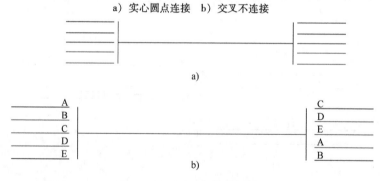

图 1-23 平行连接线的表示

a）单线表示 b）采用标记表示

（2）线束 电气图中的多根去向相同的线采用一根图线表示，这根图线代表着一组连接线，即线束。线束的表示方法如图 1-24 所示。图 1-24a 是每根线汇入线束时，与线束倾斜相接，并加上标记 A—A、B—B、C—C、D—D。这种方法通常需要在每根连接线的末端注上相同的标记符号，汇接处使用的斜线方向应使识图人员易于识别连接线进入或离开线束的方向。图 1-24b 所示的是线束所代表的连接线数目的表示方法。

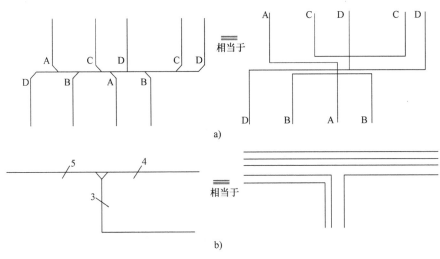

图 1-24　线束的表示方法

a）线束汇入与流出　b）线束连接数目表示

3. 中断线表示法

中断线表示法是将连接线在中间中断，再用符号表示导线的去向。同一张图中，连接线需要大部分幅面或穿越符号稠密布局区域，或连接点之间的布置比较曲折复杂时，可用中断线标记表示两张或多张图内的项目之间的连接关系。中断线的表示方法如图 1-25 所示。总配电箱 A0 系统图中的 W1 回路引至层配电箱 AL1，因此 W1 又是层配电箱 AL1 系统图的进线，W1 回路就采用了中断线表示法。

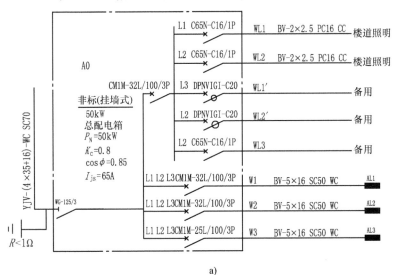

图 1-25　中断线的表示方法

a）总配电箱 A0 系统图

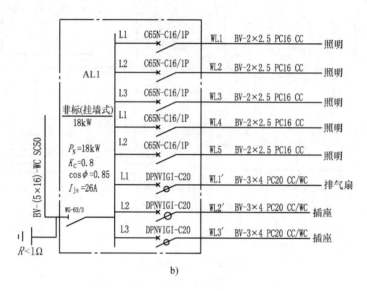

图 1-25　中断线的表示方法（续）

b）层配电箱 AL1 系统图

本 章 小 结

　　本章介绍了图幅、图线、比例等工程制图一般规则；管道标高、管径、管道坡度与坡向、管道连接、转向、交叉、重叠的管道工程图制图表示方法；电路、电气元件、元件接线端子、连接线的电气工程图制图表示方法。掌握上述工程图的一般规则、制图标准及表示方法将有助于水、暖、电各专业安装工程图的识读。

第2章 建筑给水排水施工图的识读

建筑给水排水工程的主要功能是输送生活、生产用水，排放生活、生产污（废）水，为人们提供舒适、便捷、安全的建筑用水环境。现代建筑给水排水工程由给水工程和排水工程两大部分组成。给水工程分为室内给水工程和室外给水工程，是从水源处取水，按照规定处理水质，将符合水质和水压要求的水源输送到居民家中，满足人们对水资源的需要。排水工程也分为室内排水工程和室外排水工程，是将污（废）水、雨水等收集起来并及时输送至适当地点，妥善处理后排放或再利用。本章主要介绍室内给排水工程施工图的识读。

2.1 给水排水工程概述

2.1.1 给水工程系统组成

1. 室外给水工程

室外给水工程是指为生产、生活部门提供用水而建造的构筑物，以及由此形成的输配水管网等工程设施。它主要包括取水构筑物、水处理系统、泵站、输水管渠和管网，以及调节构筑物。

1）取水构筑物，用于从选定的水源取水。

2）水处理系统，将从水源引来的水，按照用户对水质的要求进行处理。

3）泵站，将所需水提升到要求的高度。

4）输水管渠和管网，输水管渠是指将水源的水输送到水厂的水渠或水管，管网则是指将处理后的水输送到指定给水区域的全部管道。

5）调节构筑物，用来贮存和调节水量的各种贮水构筑物。

2. 室内给水工程

室内给水工程是指将符合用户对水质、水量要求的水源，通过城市给水管网输送到装置在室内的各个用水设备，如水龙头等系统。室内给水工程依据不同的用途可分为生活给水系统、生产给水系统、消防给水系统。

1）生活给水系统。提供生活饮用、烹调、盥洗的洗涤用水。

2）生产给水系统。提供生产设备、原料和产品的洗涤用水。

3）消防给水系统。提供消防系统的消防设备用水。

室内给水工程系统由以下几部分组成：

1）引入管（进户管），室外给水管将水引入室内的管段。

2）水表节点，引入管上安装的水表及其前后设置的阀门及泄水装置的总称。

3）给水管道，包括水平干管、垂直干管、立管和各类支管。

4）给水附件，给水管道上用以调节水量、水压，便于管道、设备等检修的各类阀门。

5）用水设备，指卫生器具、水龙头、室内消火栓等用水设备。

6）升压和贮水设备，指水泵、水池、水箱等。

本章主要介绍室内生产、生活给水系统，室内消防给水系统在第3章中介绍。

2.1.2　排水工程系统组成

1. 室外排水工程

室外排水工程是指将室内排出的生活污水、生产废水及雨水等，按一定系统组织起来并经过处理，达到规定的排放标准后排入天然水体。它主要包括排水设备、检查井、管渠、水泵站、污水处理构筑物及除害设施等。

1）排水设备，是指与室内排水系统相连的接收生产废水、生活污水、雨水的设备。

2）检查井，是指便于定期检查、清洁和疏通或下井操作的井状构筑物。

3）管渠，是指输送生产废水、生活污水、雨水的管道设施。

4）水泵站，是指用于提升污废水或雨水，以便其排出的装置。

5）污水处理构筑物，是指用于处理生产废水、生活污水、雨水，使其达到排放标准的构筑物。

6）除害设施，是指用于处理生产废水、生活污水、雨水中的有害物质的设施。

2. 室内排水工程

室内排水工程是指将人们在日常生活和生产中使用过的水，以及屋面上的雨、雪水加以收集，及时排放到室外。室内排水工程按照其接纳排除污（废）水的性质，可分为以下三类：

1）生活污水管道，排除日常生活中的盥洗、洗涤的生活废水和粪便污水的管道。其中，生活废水多直接排入室外合流制下水道或雨水道中，而粪便污水多单独排入化粪池中，经过处理再排至市政污水管网。

2）工业废水管道，排除工业生产中的污、废水的管道。

3）屋面雨水排水系统，用以排除屋面的雨、雪水的装置。

室内排水系统最终要排入室外排水系统。上述三类污、废水，若分别设置管道将其排出室内，则称为分流制室内排水；若将其中的两种或三种污、废水采用同一根管道排出室内，则称为合流制室内排水。

室内排水工程系统由以下几部分组成：

1）卫生设备和生产设备受水器。该部分是指日常生产和生活中，用以收集和排出污、废水的设备。

2）排水管道。该部分是指器具排水管、横支管、立管、总干管、埋地干管和排出管。

3）清通设备。该部分是指疏通排水管道的设备，如检查口、清扫口等。

4）提升设备。该部分是指污、废水不能自流排至室外检查井时，用以辅助提升污、废水的高度使其自流的设备。

5）污水局部处理构筑物。该部分是指当室内污水未经处理，不允许直接排入市政管网或水体时，必须设置污水局部处理构筑物。

6）通气管道系统。该部分是指用以排除臭气，保护水封不受破坏，减少管内废气对管道的锈蚀的装置。

2.1.3　常用给水排水施工图图例符号

给水排水施工图图例符号一般采用会意图形，同一类型设备的图例符号采用主体相近、略有变化的形式。例如，管道的图例多以线段加汉语拼音字母来表示。各类阀门的图例也只是局部不同，如此抓住同类符号之间的特点比较便于记忆。常见室内给水排水施工图图例符号见表 2-1。

2.1.4　给水排水工程常用管道及用水设备

1. 给水工程常用管材及附件

室内给水工程管道常用的管材，按照材质可分为钢管、铸铁管和塑料管。

表2-1 常见室内给水排水施工图图例符号

图 例	名 称	图 例	名 称
—— J ——	生活给水管	J-×× W-×× Y-×× / J-×× W-×× Y-××	阀门井及检查井
—— W ——	污水管	—— P ——	排水管
—— RJ ——	热水给水管	—— Y ——	雨水管
XL-1 / XL-1 平面 系统	管道立管	—— RH ——	热水回水管
平面 系统	圆形地漏		立管检查口
	蝶阀		压力表
	检查井		止回阀
平面 系统	自动排气阀		倒流防止器
	闸阀	平面 系统	清通口
平面 系统	末端试水装置		防倒污阀门井
	截止阀		电动闸阀
平面 系统	水嘴	YD- YD- 平面 系统	雨水斗
	水表井	成品 蘑菇形	通气帽
	法兰堵盖		小便器冲洗阀

（续）

图　　例	名　　称	图　　例	名　　称
	延时自闭式冲洗阀		蹲式大便器
	立式洗脸盆		坐式大便器
	壁挂式小便器		淋浴器
	洗涤盆		浴盆
	坐式大便器给水		淋浴间
	厨房洗涤盆		淋浴喷头
	盥洗槽		

（1）钢管　钢管分有缝钢管和无缝钢管两种。

1）有缝钢管，又称焊接钢管，分为镀锌钢管和非镀锌钢管两种。镀锌钢管具有耐腐蚀、不易生锈、使用寿命长等特点，一般多用于生活、消防公用给水系统。

2）无缝钢管，又分为热轧无缝钢管和冷拔无缝钢管两种，一般多用于生产、工艺用水管道，或使用在自动喷水灭火系统的给水管上。

钢管的连接方式有螺纹连接、焊接连接和法兰连接三种方式。为避免焊接时镀锌层被破坏，镀锌钢管必须用螺纹连接，非镀锌钢管一般用螺纹连接，也可以用焊接连接。

给水排水工程管件的管径通常用其公称直径表示，公称直径用字母 DN 作为标志符号，符号后面是管径的尺寸。例如：$DN100$ 表示公称直径为 $100mm$ 的管子。公称直径是近似于管件内径的尺寸，但其并不是管件的实际内径。常用焊接钢管规格见表 2-2。

表2-2　常用焊接钢管规格

公称直径		外径	钢　管			
			一　般　管		加　厚　管	
mm	in	mm	壁厚 /mm	每米理论质量 /（kg/m）	壁厚 /mm	每米理论质量 /（kg/m）
8	1/4	13.5	2.25	0.62	2.75	0.73
10	3/8	17.0	2.25	0.82	2.75	0.97
15	1/2	21.3	2.75	1.25	3.25	1.44
20	3/4	26.8	2.75	1.63	3.50	2.01
25	1	33.5	3.25	2.42	4.00	2.91
32	5/4	42.3	3.25	3.13	4.00	3.77
40	3/2	48.0	3.50	3.84	4.25	4.58
50	2	60.0	3.50	4.88	4.50	6.16
70	5/2	75.5	3.75	6.64	4.50	7.88
80	3	88.5	4.00	8.34	4.75	9.81
100	4	114	4.00	10.85	5.00	13.44
125	5	140	4.50	15.04	5.50	18.24
150	6	165	4.50	17.81	5.50	21.63

（2）铸铁管　用于给水、排水和天然气（煤气）输送管线。常用的连接方式有承插口和法兰接口等，接口材料有石棉水泥接口、膨胀水泥接口、青岩接口等。常用给水铸铁管规格见表2-3。

表2-3　常用给水铸铁管规格

内　径 /mm	承插式给水铸铁管			
	外　径 /mm	壁　厚 /mm	有效长度 /m	每米质量 /（kg/m）
75	93	9	3	58.5
100	118	9	3	75.5
125	143	9	4	119
150	169	9	4	149
200	220	10	4	207

（3）塑料管　常用的给水塑料管有聚乙烯管、聚丙烯管和聚丁烯管等。

通常用管道的公称直径来表示管道的大小。常用的塑料管公称直径与公称外径的对应关系如表 2-4 所示。

表 2-4　常用的塑料管公称直径与公称外径对应关系

公称直径	DN15	DN20	DN25	DN32	DN40	DN50	DN65	DN80	DN100	DN150
公称外径	De20	De25	De32	De40	De50	De63	De75	De90	De110	De160

（4）管道附件　管道附件可分为配水附件和控制阀门。

1）配水附件，一般指装在给水管件末端，用于给各类卫生器具和用水设备供水的水龙头等用水设备。常用的水龙头形式有球形阀式配水龙头、旋塞式配水龙头、普通洗脸盆配水龙头、单手柄浴盆水龙头、单手柄洗脸盆水龙头、自动水龙头等。

2）控制阀门，一般指控制水流方向，起调节水量、水压以及关断水流作用，便于管道、仪表和设备检修的各类阀门。常用的控制阀门有如下几种：①截止阀，适用于管径≤50mm 的管道上；②闸阀，适用于管径 >50mm 的管道上；③蝶阀，起调节、节流和关闭水流的作用；④升降式止回阀，适用于小管径的水平管道上；⑤浮球阀，控制水位的高低。

2. 排水工程常用管材及附件

排水工程常用管材主要有排水铸铁管、排水塑料管、带釉陶土管，工业废水的排放还可以采用陶瓷管、玻璃钢管、玻璃管等。

1）排水铸铁管，其与给水铸铁管的不同之处在于，它的管壁较薄，不能承受高压，一般作为生活污水、雨水以及一般工业废水管使用。排水铸铁管的接口方式为承插式，连接方法有石棉水泥接口、膨胀水泥接口、水泥砂浆接口等。常见排水承插铸铁管规格见表 2-5。

表 2-5　常见排水承插铸铁管规格

公称直径 /mm	壁厚 /mm	有效长度 /m	理论质量 /（kg/根）
50	5	1.5	10.3
75	5	1.5	14.9
100	5	1.5	19.6
125	6	1.5	29.6
150	6	1.5	34.9

2）排水塑料管，目前室内排水工程使用的排水塑料管是硬聚氯乙烯塑料管（简称 UPVC 管），其连接方式多以粘接为主，配以适当的橡胶柔性接口。排水塑

料管公称直径与公称外径的对照关系见表2-6。

表2-6　硬聚氯乙烯管规格和公称压力

公称外径/mm	壁　厚/mm				
	公称压力				
	0.6MPa	0.8MPa	1.0MPa	1.25MPa	1.6MPa
20					2.0
25					2.0
32				2.0	2.4
40			2.0	2.4	3.0
50		2.0	2.4	3.0	3.7
63	2.0	2.5	3.0	3.8	4.7
75	2.2	2.9	3.6	4.5	5.6
90	2.7	3.5	4.3	5.4	6.7
110	3.2	3.9	4.8	5.7	7.2
160	4.7	5.6	7.0	7.7	9.5

3）带釉陶土管，其耐酸碱腐蚀性强，一般用于排放腐蚀性工业废水。室内生活污水埋地管也可采用陶土管。

4）管道附件，为方便排水管排水畅通，一般设置在排水横支管、横干管上的设备，包括清扫口、检查口、检查井等。

3. 给水排水工程常用管件

给水排水工程在施工过程中，除了敷设给水排水立管之外，各层还需要敷设给水排水的支管，而这些支管在连接用水设备时需要分支、转弯和变径，因此就需要有各种不同形式的管子配件与管道配合使用。给水排水工程常用的管件按照用途可分为以下几种：

1）管路延长连接用配件：管箍、异直径箍、内接头。

2）管路分支连接用配件：三通、四通。

3）管路转弯用配件：45°弯头、90°弯头。

4）管路变径用配件：大小头、异径三通、异径四通、补心。

5）管路堵口用配件：丝堵、管堵。

除此之外，排水管道上常用的管件还包括检查口、弯头、套筒、通气帽等。给水排水工程常用管件的规格和与之对应的管道的规格是一致的（见表2-7），也是以公称直径表示。

表 2-7　管件的规格排列表　　　　　　　　　　（单位：mm）

同径管件	异 径 管 件						
15×15							
20×20	20×15						
25×25	25×15	25×20					
32×32	32×15	32×20	32×25				
40×40	40×15	40×20	40×25	40×32			
50×50	50×15	50×20	50×25	50×32	50×40		
65×65	65×15	65×20	65×25	65×32	65×40	65×50	
80×80	80×15	80×20	80×25	80×32	80×40	80×50	80×65
100×100	100×15	100×20	100×25	100×32	100×40	100×50	100×65	100×80

4. 卫生器具

卫生器具是指为生产、生活提供洗涤以及收集生产、生活污（废）水的设备，按照其用途的不同，可分为以下四种。

（1）便溺用卫生器具　便溺用卫生器具包括大便器、小便器、大便槽、小便槽等。

1）高水箱蹲式大便器，一般安装在公共建筑的厕所或卫生间中，有些住宅楼也经常使用。高水箱蹲式大便器本身不带水封，安装时需另装存水弯。

2）低水箱坐式大便器，一般多用于宾馆和家庭卫生间中。此类大便器本身已包括存水弯，不须另外安装。

3）大便槽，一般用于建筑标准不高的公共建筑或城镇公共厕所中。槽的起端设自动冲洗水箱，定时进行冲洗，槽的末端设存水弯接入排水管道。

4）小便器，一般用于标准较高的公共建筑的男厕所中。数量少时，可用手动冲洗阀冲洗；数量多时，采用水箱冲洗。

5）小便槽，一般用于公共建筑、工厂、学校和集体宿舍的男厕所中。

（2）盥洗淋浴用卫生器具　此类器具包括洗脸盆、盥洗槽、浴盆和淋浴器等。

1）洗脸盆，一般用于卫生间、盥洗室和浴室中。有长方形、椭圆形和三角形等多种形式，安装多采用墙架式。

2）盥洗槽，一般用于公共建筑的盥洗室和工厂生活间内。

3）浴盆，一般用陶瓷、搪瓷或水磨石制成，多用于家庭。

4）淋浴器，一般用于家庭、工厂、机关、学校的浴室及公共浴室。

（3）洗涤用卫生器具　此类器具包括洗涤盆、污水盆、化验盆等。

1）洗涤盆，一般用于住宅厨房和公共食堂厨房，供洗涤碗碟和食物用。

2）污水盆，一般用于公共厕所或盥洗室，供洗拖布和倒污水用。

3）化验盆，一般用于化验室或实验室中。

（4）地漏　地漏多设在厕所、盥洗室、浴室及其他有溅水且需要从地面排除污水的房间内。一般多用铸铁制成，地漏盖有篦子，以阻止杂物进入管道。若地漏装在排水支管的始端时，可兼做清扫口用。

2.2　建筑给水排水施工图的识读方法

2.2.1　建筑给水排水施工图的组成

建筑给水排水施工图是进行给水排水工程施工的指导性文件，它采用图形符号、文字标注、文字说明相结合的形式，将建筑中给水排水管道的规格、型号、安装位置、管道的走向布置以及用水设备等相互间的联系表示出来。根据建筑的规模和要求不同，建筑给水排水施工图的种类和图样数量也有所不同，常用的建筑给水排水施工图主要包括说明性文件、系统图、平面图、详图、给水排水支管图。

1. 说明性文件

说明性文件包括给水排水工程的设计说明、图样目录、图例等。设计说明主要阐述整个给水排水工程设计的依据、施工原则和要求、建筑特点、安装标准和方法、工程等级、工艺要求及有关设计的补充说明等。图样目录包括序号、图样名称、编号和张数等。图例即图形符号，一般只列出与设计有关的图例，包括给水排水管道的标志、管道附件、用水设备的图例，以供造价人员参考。

2. 系统图

给水排水工程系统图包括给水系统图、排水系统图、雨水系统图等，它是用符号和线段概略表示给水排水管道的竖向布置、管道的走向以及楼层标高的一种简图，是表现系统中各管道和用水设备器具的上下、左右、前后之间的空间位置及其相互连接关系的图样。通过系统图，可以清楚地了解整个建筑物内给水排水管道的竖向布置情况以及管道的规格、管道在每层的敷设高度、管道在每层将要连接的设备等情况，可以了解整个工程的供水、排水全貌和管路走向关系。图2-1所示为某住宅楼给水工程的系统图。

3. 平面图

平面图是表示给水排水工程管道支管平面走向布置及与用水设备连接情况等

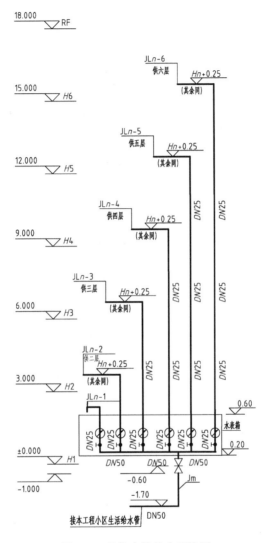

图 2-1　某住宅楼给水系统图

的平面布置图，是进行给水排水工程安装的主要依据。给水排水平面图是以建筑平面图为依据，在图上详细绘出给水排水进水、排水管道的平面走向，立管、用水设备等的相对安装位置，并且详细表示出管道的型号、规格等。并通过图例符号将某些系统图无法表现的设计意图表达出来，用以具体指导施工，如给水排水管道的进户长度等。图 2-2 所示为某住宅楼给水排水平面图。平面图按工程复杂程度每层绘制一张或多张，但高层建筑中，形制一样的多个楼层可以只绘制一张标准层平面图。

给水排水平面图只能反映给水排水总进户管、排水管的位置，以及其他给水

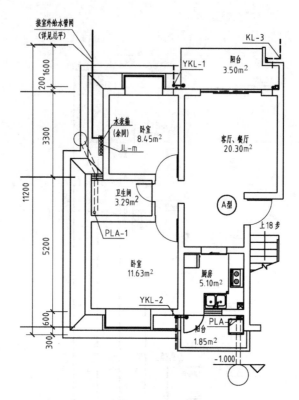

图2-2　某住宅楼给水排水平面图

排水立管的相对位置，不能反映其安装高度。安装高度可以通过说明或文字标注进行了解，另外还需详细了解建筑结构，因为管道的走向和布置与建筑结构密切相关。

4. 详图

给排水工程详图一般是为了详细表达某一部分的给水排水情况，平面详图一般称为大样图。例如：厨房、卫生间给水排水大样图。它是表示给水排水工程中用水设备、器具和管道节点的详细构造、尺寸及安装要求的图样（见图2-3）。图中标注的尺寸可供造价人员计算工程量和材料用量时使用。

5. 给水排水支管图

给水排水支管图是用以指导厨房、卫生间给水排水管道施工用的详图，它能准确地反映给水排水支管在建筑空间的具体走向，以及给水排水支管与其他用水设备的连接方式、连接管道的垂直高度。给水排水大样图和给水排水支管图一般放在一起。在识读的过程中，需要将它们结合起来阅读，把握给水排水支管的空间走向。图2-4所示为某住宅厨房、卫生间给水支管图。

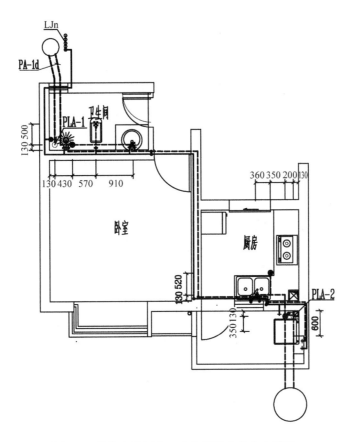

图 2-3　某住宅楼厨房、卫生间给水排水大样图

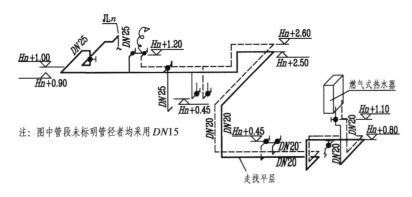

注：图中管段未标明管径者均采用 DN15

图 2-4　某住宅楼厨房、卫生间给水支管图

在一般工程中，一套施工图的目录、说明、图例、设备材料明细表、系统图、平面图是必不可少的，其他类型的图样设计人员会根据工程的需要而加入。

2.2.2　建筑给水排水施工图的特点

1) 建筑给水排水施工图尽量采用通用标准的图形符号并加以文字符号绘制出来，因此熟悉常用图例符号有助于给水排水施工图的识读。遇到特殊设备或非常用管道附件等，设计人员也会自定义一些符号，读图时需特别注意此类图例符号。

2) 给水排水平面图除表示进户管、出户管的位置外，还表示给水排水立管在户内的位置，立管的长度及在每层的具体走向，需结合系统图和详图一起阅读。

3) 管道的走向布置、特征是由管道代号、图形符号、文字符号共同表示的。与建筑施工图不同，给水排水图样中的管道长度计算不是通过一张图就可以解决的，需要结合给水排水平面图、系统图及详图一起观察，管道的安装高度、安装位置、相互关系和管道附件也需要根据设备代号、图形符号、文字说明综合判定。给水排水施工图属于简图之列。

4) 给水排水施工图中存在许多管道附件及用水设备，其种类、规格、数量是给水排水工程中工程量计算的一部分。在识读给水排水施工图时，工程造价人员需根据给定的图例符号、文字符号等认清其代表的管道附件，以供计算管道附件处的管道长度之用。

5) 建筑给水排水施工图是与主体工程（建筑工程）及其他安装工程相互配合进行的，识图时需要了解相互间的配合关系。

2.2.3　建筑给水排水工程图的识读步骤

识读建筑给水排水施工图必须熟悉给水排水工程图的基本知识（表达形式、通用画法、图形符号、文字符号）和建筑给水排水工程图的特点。识读的方法没有统一规定。根据经验总结，通常可按"了解情况先浏览，重点内容反复看"的方法进行阅读。

1) 浏览标题栏和图样目录。了解工程名称、项目内容、图样数量和内容。

2) 仔细阅读总说明。了解工程总体概况、设计依据和选用的标准图集，熟悉图中提供的图例符号。总说明会对工程中给水排水部分的总体情况进行概述，如该工程的供水形式、排水方式、给水排水管道选用的材质、管道的敷设方式、管道防腐的要求等都会有所介绍。说明中还会列出设计所选用的标准图集，以便计量计价或施工过程中参照。

3) 看系统图。了解给水排水工程的规模、形式、基本组成，干管和支管的关系、主要给水排水管道的敷设等，把握工程的总体脉络。

4) 看平面图。了解用水设备安装位置、管道敷设路径、敷设方法以及所用管道及附件的型号、规格、数量、管道的管径大小等。阅读平面图的目的是结合系统图，熟悉给水排水管道在每层的具体敷设位置，了解支干管的具体走向，阅读给水排水详图及计算工程量时使用。

5）看详图。了解支管与哪些用水设备相连，其连接方式及敷设路径布置，以及支管及其附件的型号、规格、数量、管道的管径大小，用水设备的名称、型号、数量、规格等。详图是给水排水工程施工及计算工程量中最重要的一部分，它直接关系到工程的质量。

6）查阅图集。给水排水工程图是对具体工程的指导性文件，但不会把全部的安装方法都罗列在施工图中，具体的施工做法可以参照通用图集。一般工程都要符合国标（GB），这是最基本的标准，是保证质量的底线。此外，由于各地区气候、条件的差异，各地还有地方标准（DB）。一些重点工程，为了提升质量还会使用一些要求较高的推荐性标准（GB/T）。必要时，需查阅设计选用的规范和施工图集、图册以指导实际工程的实施。

通过以上的步骤可以顺利完成给水排水施工图的识读，尤其注意平面图和系统图的识读是一个反复对照的过程。并且在识读过程中，还需要考虑给水排水工程施工与建筑、电气等施工的配合。

2.3　建筑给水排水施工图识读示例

2.3.1　给水排水系统图

给水排水工程系统图分为给水系统图和排水系统图，是反映给水排水立管在建筑物中竖向布置长度以及管道型号、规格及与其连接的管道附件的型号、数量、规格的图样。通过熟悉给水排水系统图，工程造价人员可以了解给水排水管道的空间布置形式，计算出给水排水立管的敷设长度，以及立管上各类给水排水管道附件的型号、数量等；施工人员可根据各类管道附件的安装高度指导施工。

图 2-5 所示为某厂房给水排水的系统图。通过该图可知，该厂房的给水立管分别为 JL - 1 和 JL - 1′，给水立管 JL - 1 采用 $DN80$ 的引入管在埋地 0.7m 的高度引入建筑物，首层给水立管均采用 $DN80$ 的管径；二层的给水立管采用 $DN70$ 的管径，三层及以上给水立管采用 $DN50$ 的管径，最后与屋顶消防水箱连接。此外，从该图上可知，给水立管 JL - 1 上安装了一个闸阀，在与横干管连接的地方，共安装了三个截止阀和一个闸阀，安装高度详见给水系统图上文字说明。给水立管 JL - 1′采用相同的识读方法。

图 2-5 右侧为该厂房的排水系统图，该厂房的排水立管有两根，分别为 PL－1 和 PL－1′，因为此两根排水管采用的管径及规格、管道附件的安装都相同，故用同一图样表示，在计算的过程中，需特别予以注意。从图上可知，排水立管伸出屋面处 2.0m，与通气帽相连，主立管均采用 $DN100$ 的管径，埋入地下 1.3m，随后转换成 $DN150$ 的管径排入污水井。此外，在该排水立管上，还安装有两个检查口，安装高度为距本层楼地面 1.0m。

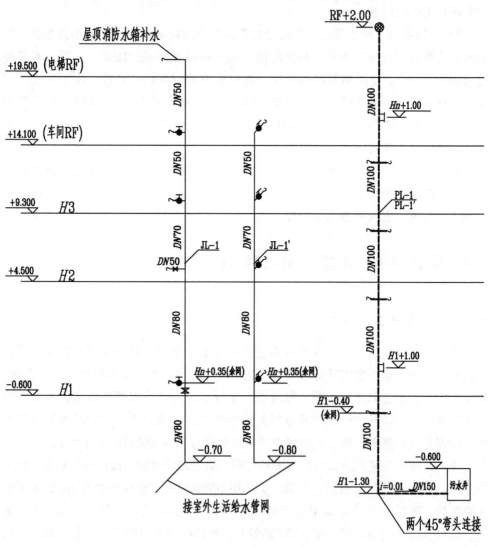

图 2-5　某厂房给水排水系统图

2.3.2　给水排水平面图

在建设项目中，水源都是通过市政给水管网引入，到达指定用水区域后，经过相关处理，以用户要求的水质、水量引入用水管道。同样，对于建筑物中产生的污（废）水，由卫生器具进行收集，通过排水管道的导向，经过相关环节的处理，最终排入市政排水管网。故在识读给水排水平面图时，主要是找到水源的引入管道，污废水的排出管道，以及这些管道在建筑物中的敷设和走向。

图 2-6 所示为某厂房首层给水排水平面图（由于此厂房只有卫生间需要供水，这里只用卫生间给水排水大样图就能清楚表达整个给水排水平面图，因此直接用卫生间一层给水排水大样图表示）。通过此图及文字说明可知，该建筑物的给水系统，是由给水管道 JL−1 接入市政给水管网引入；而该建筑物排出的污（废）水则是通过排水管道 PL−1 引出建筑物，引入污水井，经过处理后，最终排入市政排水管网。

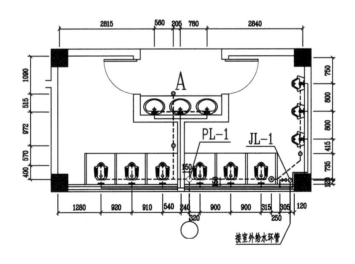

图 2-6　某厂房首层给水排水平面图

在给水排水工程施工平面图中，除了首层给水排水工程图外，一般还包括标准层（二层）给水排水平面图和顶层给水排水平面图。在阅读给水排水平面图时，同时还需要阅读其他的给水排水平面图，阅读的目的在于了解给水排水立管在建筑平面图中的敷设位置。

图 2-7 为某厂房二层至顶层给水排水平面图（直接用卫生间二层至顶层给水排水大样图表示）。通过该图主要可以了解给水排水立管的敷设位置，可知该建筑

物中的给水排水立管敷设在卫生间中。该卫生间中只有一根给水立管 JL‑1 和一根排水立管 PL‑1。

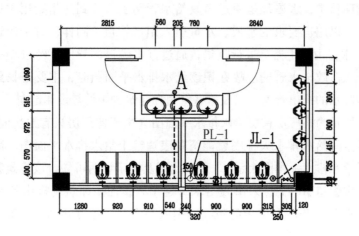

图 2-7　某厂房二层至顶层给水排水平面图

2.3.3　给水排水详图

给水排水详图是反映给水排水支管在整个建筑物中水平走向的详图。通过识读给水排水工程详图，可以了解水源的传送路径，水平向敷设给水排水支管的走向、敷设长度，以及各支管与用水设备的水平向连接方式。在建筑工程中，由于给水排水工程主要集中在厨房、卫生间等处，故给水排水详图又称为厨房、卫生间给水排水大样图。

以图 2-7 为例可知，卫生间用水通过给水立管 JL‑1 引入，在给水立管左边，横支管与立管交接处安装有闸阀和水表，用以开启或截断水流和计算水量用。随后，通过水平敷设的给水支管，水源被分为两条回路，一条沿墙壁敷设向上，将水源引入右侧的小便器；另一条回路水平向左，将水源引入横向布置的蹲式大便器。在向左的这一条回路中，又分出另外一条给水回路，将水源引向上方的洗脸盆。给水管道的规格具体详见给水排水支管图。

同理，在图 2-7 中，对于卫生间中的洗脸盆、小便器、蹲式大便器产生的污（废）水，则以与给水路径相反的方向传送，将污（废）水最终引入排水立管 PL‑1，由排水立管 PL‑1 将其引入污水井，最终排入市政污水管网。此外，由图 2-7 可知，在排水支管上还安装了三个地漏和一个地面清扫口。

2.3.4　给水排水支管图

给水排水支管图是反映厨房、卫生间大样图中给水排水管道空间走向的系统图，通过识读给水排水支管图，工程造价人员可以了解厨房、卫生间大样图中各个方向布置的管道的型号、规格，以及管道在垂直方向上的安装高度、管道与用水设备的连接方式、管道上各种管道附件的安装高度等。在识读给水排水施工图时，需将给水排水大样图与给水排水支管图结合起来阅读。

图2-8所示为某厂房卫生间给水支管图。将图2-7与图2-8结合阅读可知，卫生间给水由给水立管JL-1引入，在距本层楼地面0.35m的高度处安装闸阀与水表，采用的管道规格为DN50。随后，由DN50的管道分支，向右的回路采用DN20的管径向小便器供水，在第二个小便器末端，给水横支管改为DN15的管径引向最后一个小便器。给水横支管与小便器的连接采用DN15的管径，竖向敷设至距本层楼地面1.3m的位置。在DN50的给水立管处向左引出的回路，采用DN40的管径向蹲式大便器供水，在第四个大便器末端，给水横支管改为采用DN32的管径向第五个大便器供水；同理，在第五个大便器末端，给水横支管改为采用DN25的管径向第六个大便器供水。给水横支管与大便器的连接均采用DN25的管径，竖向敷设至距本层楼地面1.2m的位置。

此外，在第三与第四个大便器的中间部分，向上引出另外一条回路采用DN20的管径给洗脸盆供水，中间洗脸盆的供水竖向管道采用DN15的管径，敷设至距本层楼地面0.45m的高度。水引至中间洗脸盆下方时，改用DN15的管径向左右两个洗脸盆输送水源，同理采用DN15的管径向左右两个洗脸盆供水，竖向敷设至距本层楼地面0.45m的高度。

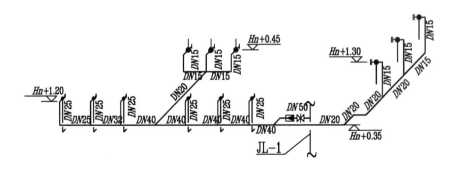

图2-8　某厂房卫生间给水支管图

　　图2-9所示为某厂房卫生间排水支管图，其识读方法与给水支管图相似，识读顺序为：由集水设备开始，沿污（废）水的排出路径顺次计算。

　　此外需注意，给水排水支管图只能反映厨房、卫生间大样图给水排水支管在垂直方向的敷设高度和管道的规格，厨房、卫生间给水排水支管在水平方向的敷设长度，需通过给水排水大样图计算。

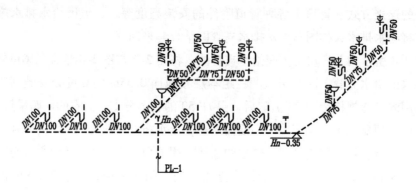

图2-9　某厂房卫生间排水支管图

　　给水排水施工图中，许多信息均隐含在设计说明中。在阅读给水排水施工图的过程中，需将设计说明、给水排水平面图、给水排水系统图、给水排水大样图和给水排水支管图结合阅读，才能把握设计者的意图，熟悉设计中的材料选型，保证识读给水排水施工图的正确性，最终保证工程量计算的正确和工程的施工质量。

本 章 小 结

　　1. 本章介绍了建筑给水排水施工图识读的基础知识和识读方法，并结合某厂房工程的给水排水施工图范例进行了建筑给水排水施工图识读示范，包括给水排水系统图、平面图、大样图、支管图的识读。

　　2. 给水排水施工图是用特定的图形符号、线条等表示系统图或平面图中各部分之间相互关系及其管道走向布置的一种简图。为说明管道空间布置情况，将系统中所有立管、立管上给水排水附件抽出，表达其相互关系时需要给水排水系统图；为说明给水排水系统中管道在各楼层中的水平敷设走向和给水排水立管的具体安装位置时需要平面布置图；为表示管道在用水房间的具体走向和给水排水附件的具体安装位置时需要给水排水大样图；为表示给水排水支管在各楼层中的布置与空间位置的关系时需要给水排水支管图；为说明设备、材料的特性、参数时需要设备材料表等。这些图样各自的用途不同，但相互之间是有联系并协调一致的。在识读时应根据需要，将各图样结合起来识读，以达到对整个工程的全面了解。

3. 识图时应注意了解供水水源的来源及引入方式；明确各给水排水管道的敷设位置、敷设方式、平面走向布置以及管道材质和规格；明确给水排水管道附件、卫生器具等的平面安装位置。熟悉建筑给水排水施工图常用图例，有助于实现快速准确的识读。

第3章 建筑消防水系统施工图的识读

> ➢ 了解建筑消防给水系统施工图的组成及其作用。
> ➢ 掌握建筑消防给水系统施工图识读的一般步骤。
> ➢ 熟悉消防水系统施工图。
> ➢ 能读懂消防给水施工图。

　　建筑消防给水系统是将室内设有的灭火装置提供的水量用于扑灭建筑物中与水接触不能引起燃烧、爆炸的构件而设置的固定灭火系统。消防工程按区域划分，可分为室外消防工程和室内消防工程。室外消防工程主要是指设置在建筑物外部消防给水管网上的供水设施，主要供消防车从市政给水管网或室外消防给水管网取水实施灭火，也可以直接连接水带、水枪出水灭火。室内消防工程根据使用灭火剂的种类和灭火方式的不同，可以分为水消防灭火系统和非水灭火剂的固定灭火系统，其中水消防灭火系统又可分为消火栓灭火系统和自动喷水灭火系统。本章将主要介绍室内消防水灭火系统施工图的识读，非水灭火剂的固定灭火系统仅作简要介绍。

3.1　消防水系统概述

3.1.1　消火栓灭火系统的组成

　　消火栓灭火系统是把室外给水系统提供的水量，在室外给水管网压力满足不了灭火需要时，经过加压使其输送到用于扑灭建筑物内的火灾而设置的固定灭火设备。在民用建筑中使用最广泛的是水消防系统，即消火栓灭火系统。对于低层建筑或高度不超过50m的高层建筑，消火栓灭火系统一般由消火栓设备、消防管道、消防水池、消防水箱、增压设备、水泵接合器及水源等组成。

　　（1）消火栓设备　消火栓设备是消火栓给水系统中重要的灭火装置，是消火栓系统终端用水的控制装置。它由水枪、水带、消火栓（阀门）组成，通常将水枪、水带和消火栓按要求配套安装在消火栓箱内。室内消火栓的布置，应满足保证有两支水枪的充实水柱能同时到达室内任何部位的要求。室内消火栓应设置在位置明显且易于操作的部位。建筑高度小于或等于 24m，且体积小于或等于 5000m³ 的库房、N 类汽车车库等可采用一支水枪充实水柱到达室内任何部位。室内消火栓的间距不应大于 50m。

（2）消防管道　消防管道一般包括引入管、消防干管、消防立管以及相应阀门等的管道配件。消防用水通过引入管与建筑室外给水管连接，将水引至室内的消防系统。为保证消防供水的安全性，室内消防给水管道宜布置成环状，其引入管不应少于两根，当其中一根发生故障时，其余的引入管应能保证消防用水量和水压的要求。

（3）消防水池　消防水池用于储存消防用水量。建筑物周围市政给水管网或室外水源无法满足室内消防用水量的需求时，需设置消防水池，以备不时之需。当室外给水管网能保证室外消防用水量时，消防水池有效容积应满足火灾持续时间内的室内消防用水量。当室外给水管网不能保证室外消防用水量时，消防水池有效容积应满足火灾持续时间内的室内消防用水量与室外消防用水量不足部分之和。消防水池可单独设置，也可和生活或生产储水池共用。例如，室内设有游泳池或水景水池时也可将其兼作消防水池用。若消防水池与生活水箱合用，则应采取消防用水不被动用的措施。

（4）消防水箱　消防水箱应满足初期火灾扑灭所需的用水量和水压要求，一般储存 10min 的消防用水量。消防水箱一般宜设置在建筑物的顶部，使其采用重力自流的供水方式。消防水箱宜与生活（生产）高位水箱合用，以保证水箱内水的流动，防止水质的变化。

（5）增压设备　增压设备用于提供消防给水所需的水量和水压。消火栓给水系统采用水泵作为增压设备，又名消防泵。

（6）水泵接合器　水泵接合器是连接消防车向室内消防给水系统加压供水的装置，是应急备用设备。水泵接合器有三种布置方式，即地上式接合器、地下式接合器以及墙壁式接合器，其一端由消防给水管网水平干管引出，另一端设于消防车易于接近的地方，供消防车加压向室内管网供水使用。

其中，地上式接合器适用于南方温暖地区，地下式接合器适用于北方寒冷地区，墙壁式接合器一般安装在建筑物的墙角处，不占用地面位置，方便使用。

此外，消火栓给水系统组成还包括屋顶消火栓，即试验用消火栓，供消火栓给水系统检查和试验之用，以确保室内消火栓系统随时能正常运行。

3.1.2　自动喷水灭火系统的组成

自动喷水灭火系统是一种在发生火灾时，能自动打开喷头喷水灭火并同时发出火警信号的消防灭火设施。自动喷水灭火系统由水源、加压贮水设备、喷头、管网、报警阀及火灾探测器等控制装置组成。

（1）水源　室内消防给水的供水水源有以下几种：市政给水管网、消防水池、江、河、湖、海、水库等天然水源。当采用市政给水管网作为消防水源时，消防给水管道宜与生产、生活给水管道合用。当城市自来水管网水量与水压不足时，应设置消防水池。采用天然水源作为消防用水时，应确保天然水源在枯水期的取水率达到97%，以保证持续灭火时间内的用水量，且水源水质能满足消防用水要求并具有可靠的取水措施。

（2）加压贮水设备　加压贮水设备是自动喷水灭火系统中用于贮存水量、调节水量且满足给水系统加压用水水量、水压的设备。

（3）喷头　喷头是用于扑灭火灾的直接传递组件。它的性能的好坏直接关系着自动喷水灭火系统的启动和灭火、控火效果。根据喷头的常开、常闭形式和管网是否充水，自动喷水灭火系统又可分为湿式自动喷水灭火系统、干式自动喷水灭火系统、预作用自动喷水灭火系统、雨淋喷水灭火系统、水幕系统和水喷雾灭火系统等。

（4）管网　自动喷水灭火系统一般设计成独立的系统，其管道系统包括引入管、供水干管、配水立管、配水干管、配水管、配水支管以及报警阀、阀门、水泵接合器等。自动喷水灭火系统的给水管网应布置成环状，且引入管不宜少于2条。当其中一条引入管发生故障时，其余的引入管应能保证消防用水量和水压的要求。环状供水干管应在便于维修、操作方便的位置设置分隔阀门，使其形成若干独立段，且阀门应经常处于开启状态，并应该有明显的启闭标志。

（5）报警阀　在自动喷水灭火系统中，每个喷水系统都有控制阀，一个是主控制阀，一个是报警阀。主控制阀不论何种喷水系统，均可采用普通阀，而报警阀则随不同系统有不同的报警阀。例如，湿式报警阀，干式报警阀，干、湿式两用阀，雨淋阀等。

（6）火灾探测器　火灾探测器是消防火灾自动报警系统中，对现场进行探查，发现火灾的设备。

3.1.3　非水灭火剂的固定灭火系统简介

（1）干粉灭火系统　干粉灭火系统是以干粉为灭火剂的灭火系统。干粉灭火剂是一种干燥的、易于流动的细微粉末，平时贮存于干粉灭火器或干粉灭火设备中，灭火时靠加压气体的压力将干粉从喷嘴射出，形成一股携带着加压气体的雾状干粉射向燃烧物。

（2）泡沫灭火系统 泡沫灭火系统的工作原理是，应用泡沫灭火剂，使其与水混溶后产生一种可漂浮、黏附在可燃、易燃液体、固体表面，或者充满某一着火物质的空间，达到隔绝、冷却的目的，使燃烧物质熄灭。

（3）卤代烷灭火系统 卤代烷灭火系统是把具有灭火功能的卤代烷碳氢化合物作为灭火剂的一种气体灭火系统。该灭火系统主要由自动报警控制器、贮存装置、阀驱动装置、选择阀、单项阀、压力信号器、框架、喷头、管网等部件组成，适用于计算机房、电信中心、地下工程、海上采油、图书馆、档案馆、珍品库、配电房等重要场所的消防保护。

（4）二氧化碳灭火系统 二氧化碳灭火系统是一种纯物理的气体灭火系统，可用于扑灭某些气体、固体表面、液体和电器火灾，一般可以使用卤代烷灭火系统的场合均可采用二氧化碳灭火系统。

3.1.4 常用消防给水系统施工图图例符号

水灭火系统施工图图例符号与给水排水施工图图例符号一样，均采用会意图形，同一类型设备的图例符号采用主体相近、略有变化的形式。常见水灭火系统施工图图例符号见表3-1。

表3-1 常见水灭火系统施工图图例符号

图 例	图 名	图 例	图 名
——X——	消防给水管	XL-n	消防给水立管
▲	手提式灭火器		室内单栓消火栓
⬠	推车式灭火器	M	水表
⊳◁	闸阀	▭	蝶阀
⊳◁	信号阀	ⓛ	水流指示器
▷	倒流防止器	◉	末端试水装置
—○ 平面 ↑ 系统	闭式喷头	◉ 平面 ✕ 系统	湿式报警阀
Y	消防水泵接合器	⊕	潜水排污泵

3.1.5　消防给水系统常用管材及附件

1. 消防给水系统常用管材

消防给水系统常用管材主要包括球墨铸铁管、焊接钢管、无缝钢管、铜管、不锈钢管、合金管及复合型管材，塑料管材也可作为消防给水管材使用，但其对安装场所和安装形式有严格限制。

（1）球墨铸铁管　球墨铸铁管主要用于自动喷水灭火系统报警阀前的埋地管道、消火栓系统的埋地管道。消防工程常用球墨铸铁管管材的规格为 $DN40 \sim DN250$。

（2）焊接钢管　消防给水系统用焊接钢管可分为普通焊接钢管、热浸镀锌焊接钢管两种。

1）普通焊接钢管适用于消火栓给水系统的埋地、架空管道；自动喷水灭火系统和水喷雾灭火系统报警阀前的埋地、架空管道，在报警阀前要求加设过滤器。焊接钢管在埋地使用时，应按有关要求做防腐处理，否则易产生锈蚀，影响使用寿命。

2）热浸镀锌焊接钢管适用于消火栓给水系统、自动喷淋灭火系统和水喷雾灭火系统的埋地、架空管道。其在埋地使用时，也应考虑防腐措施。

（3）无缝钢管　无缝钢管按其生产工艺可分为热轧、冷轧和无缝钢管三种。按材料可分为普通碳素钢、优质碳素钢、普通低合金钢和合金结构钢。无缝钢管具有较好的承压能力，在消防给水系统中，常作为主干管或系统下部工作压力较高部位的管道。

（4）铜管、不锈钢管、合金管及复合型管材　此类管材不易锈蚀，水力性能好，适用于消防给水系统。但这些管材相对造价较高，在工程实践中应用较少，在部分地区的工程项目中，也已开始试验采用不锈钢管及复合型管材。

（5）塑料管材　我国消防给水系统采用塑料管材的情况比较少见，但国外允许在部分场所采用 CPVC 与 PB 型号的塑料管材，此类管材管质轻，安装方便，使用寿命长，但其管材热塑性较大，对安装场所和安装形式有明确要求，暂时还没有相关规程标准可指导其操作。该类管材是以后消防管材的发展方向。

当室内消火栓给水系统的工作压力≤1.0MPa 时，如多层建筑、高层建筑中的分区管网静压小于 0.80MPa，可采用普通焊接钢管、内外热镀锌普通焊接钢管。

当室内消火栓给水系统的工作压力为 1.0～1.6MPa 时，如系统压力较高的高层建筑泵房出水管，系统下部工作压力较高部位的管道以及主干管等，可采用加厚焊接钢管、热镀锌加厚焊接钢管和无缝钢管。

当室内消火栓给水系统的工作压力小于 2.0MPa 时，可采用普通和热镀锌无缝钢管。

2. 消防给水系统常用附件

为满足消防供水的需要，消防给水管道上常常会设置一些供水附件，用以控制水流的大小、水流的方向、管道的压力等。常见的供水附件有闸阀、蝶阀、防倒流止回阀、压力表、自动排气阀等。

1）闸阀属于启闭件，是切断水流或开启水流的阀门。

2）蝶阀在管道上主要起切断和节流的作用。

3）防倒流止回阀是防止消防用水出现倒流的现象的阀门。

4）压力表用以监视屋顶试验消火栓的承压情况，将其压力控制在允许的压力范围内，保证设备运行的安全性。

5）自动排气阀是安装于消防供水管道的最高点，用于释放供水管道中产生的气穴的阀门。

3.2　建筑消防给水系统施工图的识读方法

3.2.1　建筑消防给水系统施工图的组成

建筑消防给水系统施工图采用图形符号、文字标注、文字说明相结合的形式，将建筑中消防给水管道的规格、型号、安装位置、管道的走向布置等相互间的联系，以及灭火器、消火栓等设备的布置表示出来。根据建筑的规模和要求不同，建筑消防给水系统施工图的种类和图样数量也有所不同，一般情况下，由于消防供水与建筑物供水同属供水工程，故常将此两类图样绘制于对应的一张图纸上。在有地下室的工程中，由于地下室的自动喷水灭火系统工程量大，故常单独绘制于一张图纸。常用的建筑消防给水系统施工图主要包括说明性文件、系统图、平面图、详图。

（1）说明性文件　说明性文件包括消防给水系统的设计说明、图样目录、图例等。设计说明主要阐述整个消防给水系统设计的依据、系统概况、管道材料和消防器材的选型、安装标准和方法、施工原则和要求、工艺要求及有关设计的补充说明等。消防给水工程一般与给水排水工程共用一张说明性文件。

（2）系统图　消防给水工程系统图是用符号和线段简略表示消防供水管道的竖向布置、管道的走向以及楼层标高的一种简图。它是表现系统中各管道和消防用水设备的上下、左右、前后之间的空间位置及其相互连接关系的图样。通过系统图，可以清楚地了解整个建筑物内消防供水管道的竖向布置情况以及管道的规格、管道在每层的敷设高度、消火栓设备在每层的布置等情况，可以了解整个消防给水工程的供水全貌和管路走向关系。图3-1所示为某住宅楼消火栓立管系统展开图。

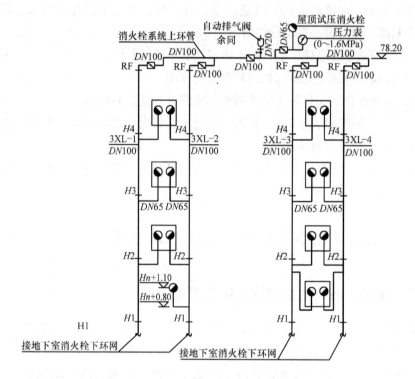

图3-1　某住宅楼消火栓立管系统展开图

除此之外，对于大型工程及有地下室的工程，消防给水系统图还包括消防水泵房给水系统图、消防水泵房自喷系统图等。这些系统图能系统地表达有灭火需求的房间中消防给水管道的布设方式，有助于指导施工人员进行正常工作，保证造价人员工程量计算的准确性。图3-2所示为某高层住宅中消防水泵房消火栓给水系统图。

（3）平面图　平面图是表示消防给水工程管道支管平面走向布置及与消火栓设备连接情况等的平面布置图，是进行消防给水工程管道安装的主要依据。消防给水平面图也是以建筑平面图为依据，在图上详细绘出消防给水管道的平面走向、立管、消火栓设备、灭火器等的相对安装位置，并且详细表示出管道的型号、规格等。

一般而言，消防给水平面图不单独成图，而是与给水排水平面图共用一份图

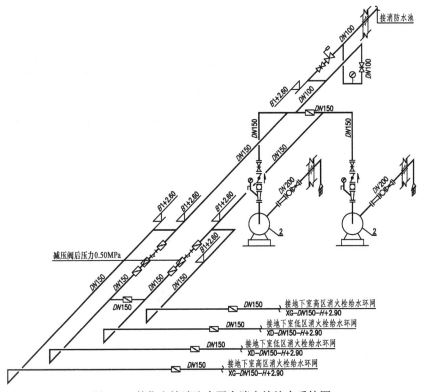

图3-2 某住宅楼消防水泵房消火栓给水系统图

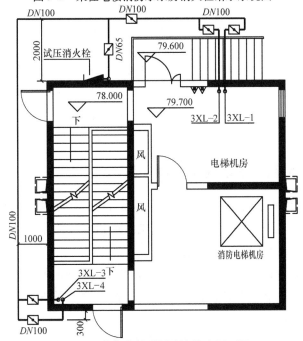

图3-3 某住宅楼顶层消防给水平面图

样，根据给水排水工程的施工图要求，绘制于对应的一张或多张图样上。在 CAD 出图软件操作时，用红色的线表示消防给水管道，而在图样上，则用代号 XL 表示消防给水立管。消防给水管道一般布置在公共过道内。图 3-3 所示为某住宅楼顶层消防给水平面图。

在识读消防给水系统施工图时，需结合说明性文件、消防给水平面图、消防给水系统图一起识读，结合消防给水系统的施工图例，了解消防给水管道的布置方式、管道的规格和型号、消火栓设备、灭火器的布置方式，以及消防给水管道布设与建筑工程的施工协调。

（4）详图 消防给水系统详图主要是指消防水泵房给水

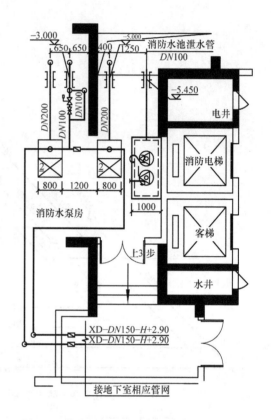

图 3-4　某高层住宅楼消防水泵房给水详图

详图，主要用于反映消防给水管道在消防水泵房内的具体布置和走向，了解整个消防供水系统中水流的走向，以及与消防水池、消防水箱等设备的连接方式和供水方式，用以进行指导工程施工和造价人员的工程量计算。图 3-4 所示为某高层住宅楼消防水泵房给水详图。

3.2.2　建筑消防给水系统施工图的特点

1）建筑消防给水系统施工图尽量采用通用标准的图形符号并加以文字符号绘制出来，消火栓管道采用单画法，以粗点画线或粗实线绘制。因此，熟悉常用图例符号有助于消防给水系统施工图的识读。

2）消防给水系统平面图除表示消防给水支管在平面内的布置和走向外，还表示消火栓设备、灭火器等在户内的安装位置，在识读平面图时，需结合说明性文件和系统图一起阅读。

3）消火栓给水系统图采用正面斜等轴测图绘制，采用的比例同建筑给水排水图，当局部管道按比例不清楚时，纵向和横向采用不同比例或局部不采用比例。在识读消火栓系统图时需根据管道的走向来了解管道的纵向和横向布置。

4）消防给水系统施工图中存在许多管道附件及用水设备，其种类、规格、数量是消防给水系统工程中工程量计算的一部分。在识读消防给水系统施工图时，工程造价人员需根据给定的图例符号、文字符号等认清其代表的管道附件，方便计算附件处的管道长度之用。

5）建筑消防给水系统施工图是与主体工程（建筑工程）及其他安装工程相互配合进行的，识图时需要了解相互间的配合关系。

3.2.3　建筑消防给水系统工程图的识读步骤

识读建筑消防给水系统工程图，必须熟悉消防给水系统工程图的基本知识（表达形式、通用画法、图形符号、文字符号）和建筑消防给水系统工程图的特点。根据经验总结，识读该类图样通常可按下面的方法进行阅读。

1）浏览标题栏和图样目录。了解工程名称、项目内容、图样数量和内容。

2）仔细阅读总说明。了解工程总体概况、设计依据和选用的标准图集，熟悉图中提供的图例符号。说明会对工程中消防给水部分的总体情况进行概述，如该工程的供水形式、供水管道选用的材质、管道的敷设方式、管道防腐的要求、选用的消火栓设备、灭火器的规格、型号等都会有所介绍。说明中还会列出设计所选用的标准图集，以便计量计价或施工过程中参照。

3）看系统图。了解消防给水系统工程的规模、形式、基本组成，整个消防供水系统在建筑物中的整体空间布局，干管和支管的连接关系、主要消防供水管道的敷设等，把握工程的总体脉络。

4）看平面图。了解消火栓设备、灭火器的安装位置、管道敷设路径、敷设方法以及所用管道及附件的型号、规格、数量、管道的管径大小等。阅读平面图的目的是结合系统图，熟悉消防供水管道在每层的具体敷设位置，了解支干管的具体走向，了解消火栓设备、灭火器等的具体安装位置及数量，阅读消防给水详图及计算工程量时使用。

5）看详图。了解消防水泵房中供水管道的具体敷设方式与布设走向，其供水干管、支管与其他连接附件所选用的型号、规格、数量和管径的大小，消防水池、消防水箱的型号、数量、规格以及安装方式、安装位置等。详图是消防给水系统工程施工及计算工程量中最重要的一部分，它直接关系到工程的质量。

6）查阅图集。消防给水系统工程图是对具体工程的指导性文件，但不会把全部的安装方法都罗列在施工图中，具体的施工做法可以参照通用图集。对于有地下室的工程或其他大型的工程，其地下室部分的消防施工任务重，对消防灭火的能力要求高，故在识读消防给水系统施工图的过程中，必要时，需查阅设计选用的规范和施工图集、图册以指导实际工程的实施。

通过以上的步骤可以顺利完成消防给水系统工程图的识读，尤其注意平面图和系统图的识读是一个反复对照的过程。并且在识读过程中，还需要考虑消防给水工程施工与建筑、电气、给水排水等专业的配合。

3.3 建筑消防给水系统施工图识读示例

3.3.1 消防给水工程系统图

消防给水工程系统图是反映消防给水立管在建筑物中竖向布置长度以及管道型号、规格及与其连接的管道附件的型号、数量、规格的图样。通过熟悉消防给水系统图，工程造价人员可以了解消防给水管道的空间布置形式、计算出消防给水立管的敷设高度，以及立管上各类供水管道附件的型号、数量等；施工人员可根据图样计算需要购买的材料数量以及根据各类管道附件的安装高度指导施工。

图 3-5 所示为某厂房的消火栓给水系统详图，根据该图可知，该消火栓给水系统详图的水源从文字"接室外给水管网"处引入，分别由左右两条管网引入，并在入口处分别设置一个倒流防止器和一个蝶阀，用以控制水流。消防供水干管敷设于地下，敷设高度为 -1.20m，供水管道采用的规格、型号为 DN100。消防供水干管将水源引入后，在建筑物的垂直高度内，通过 7 条供水立管将消防用水引入各个楼层，其供水立管的型号依次为 XL-1～XL-7。以供水立管 XL-1 为例，消防供水横管敷设在 -1.20m 的位置，通过接室外给水管网引入消防用水；随后，消防供水立管在垂直方向敷设，在距地 -0.60m 的位置安装一个蝶阀，用以控制水量的大小；在建筑物的一层、二层、三层中，分别在距本层地面 0.80m 的地方敷设一根型号为 DN65 的供水横支管，为在距本层地面 1.10m 的位置布设消火栓箱预留管道。

从消防供水立管 XL-1 中可知：该建筑物在层高 18.300m 的位置布设了一个

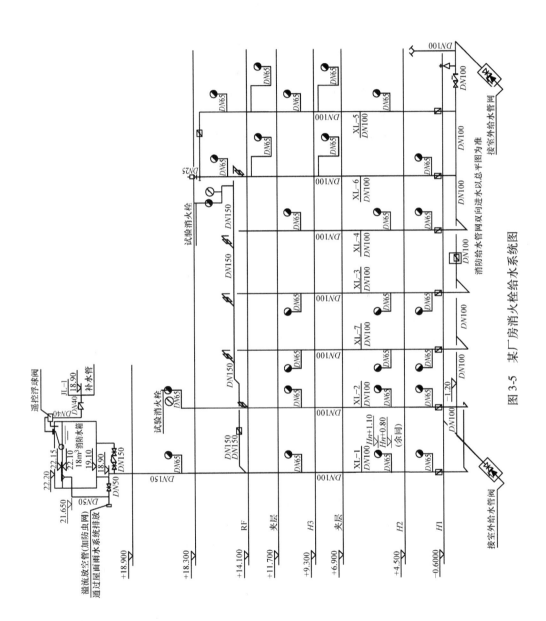

图 3-5 某厂房消火栓给水系统图

消火栓设备；在层高 18.900m 的位置安装有一个消防水箱，最大可装 $18m^3$ 的水量，用以满足外界供水不足时消防用水量的需求。消防水箱的水量通过图 3-5 所示右侧给水干管 JL－1 补入水源，而水源的流动则通过消防水箱左侧下方的溢流放空管排出。

通过消防供水立管 XL－1 可知，该供水立管采用的管径大小为 DN100 的规格，共安装有 4 套消火栓箱，每套消火栓箱的安装高度均在距相应楼层地面 1.10m 的位置处；在距一层地面以下 0.600m 的位置安装有一个 DN65 的蝶阀；在屋顶消防水箱的安装位置处，共安装有一个 DN50 的闸阀、一个 DN150 的止回阀、两个 DN150 的闸阀、一个 DN40 的止回阀和一个 DN40 的遥控浮球阀。

此外，在水源不充足的情况下，厂房内的消防用水均通过供水立管 XL－1 上方的消防水箱供水，如图 3-5 所示，在厂房屋面处，消防立管 XL－1~XL－7 通过供水横干管 DN150 连接成一个整体，接入消防水箱的供水管道。在这一横干管上，共安装有 7 套蝶阀。为了检测消火栓系统是否满足使用效果和符合规范要求，在该厂房建筑中，在供水干管 XL－2 和 XL－4 的凸出屋面处，均安装有一个试验消火栓装置，在供水干管 XL－4 的试验消火栓装置旁还安装有一个压力表，用以检测是否是充实水柱；为释放供水管道中产生的气穴，在消防供水立管 XL－6 凸出屋面处安装有一个型号为 DN25 的自动排气阀。

消防给水系统图的阅读是消防给水系统施工图识读中的关键部分，只有识读好系统图的水流具体走向与管道布置，才能完全了解建筑物内的消防供水原理，保证工程施工的正确性和造价计算的准确性。

3.3.2 消防给水系统平面图

建筑消防给水系统平面图是表明消火栓管道系统及室内消防设备平面布置的图样。在识读建筑消防给水系统平面图时，首先需要了解消火栓设备在室内的布置情况，根据建筑物消防供水的流向，了解消防用水是如何进入消防水池，消防水箱的水是如何引入，又是如何进入消防供水管网，最终进入消火栓设备的。

在识读消防给水系统平面图时，首先按照水流的方向（消防水池──→消防水泵──→横干管──→立管──→消火栓）识读，然后再沿着水流的方向细看，在消防给水管道中还连接有哪些供水附件，详细了解消防供水管道所用管材、规格、型号，以及水池、水泵、水箱和消火栓、灭火器的规格尺寸，对于消防供水管道与建筑物相交叉的地方需要仔细识读。

图 3-6（见书后插页）为某厂房首层消防供水平面图（由于一整张图篇幅太大，而且此厂房左右对称，因此该图只表达了左边一部分）。通过此图及文字说明可知，

该建筑物的消防供水系统，是由消防给水管道 XL 敷设于地下，接入市政给水管网引入室内，在入口处设置倒流防止器和闸阀用以控制水流。消防供水横干管敷设于地下，进入厂房内部，沿厂房横向向上敷设。在管道十字交叉处，一条横干管继续向上敷设，在厂房中部管道折向右侧敷设，将水源引入各个消火栓设备；另一条横干管在十字交叉处沿着墙角分别向左右各敷设一根横支管，将水源引入对应的消火栓设备安装处。通过消防给水系统平面图以及结合图例可知，该图上有三套消火栓设备、六套灭火器设备、一个闸阀、一个倒流防止器和一个蝶阀。消防给水管道的规格则需在对应的系统图上识读。

3.3.3　消防给水工程详图

对于体型简单的工程，工程上多直接采取市政管网供水的方式进行消防供水，不会涉及消防水泵房的施工。消防水泵房内管道的施工与给水排水工程厨房、卫生间管道的施工方式一致，识读方法类似，故此处不做详细说明，具体识读方法可参考给水排水工程厨房、卫生间详图的识读实例。

本　章　小　结

1. 本章介绍了建筑消防给水系统施工图识读的基础知识和识读方法，并结合某厂房工程的消防给水系统施工图范例进行了建筑物消防给水系统施工图识读示范。

2. 消防给水系统施工图是用特定的图形符号、线条等表示平面图或系统图中各部分之间相互关系及其管道走向布置的一种简图。消防给水系统图说明管道空间布置情况，表达其干管、立管、支管及消火栓设备之间相互关系；消防给水平面布置图说明消防给水系统中管道在各楼层中的水平布设走向和消火栓设备、灭火器等的具体安装位置；消防给水详图表示在大型工程中，管道在用水房间的具体走向和消防用给水附件的具体安装位置；设备材料表说明设备、材料的特性、参数等。这些图样相互之间是有联系并协调一致的。在识读时应根据需要，将各图样结合起来反复识读，以达到对整个工程的全面了解。

3. 识图时应注意了解供水水源的来源及引入方式；明确各消防供水管道的敷设位置、敷设方式、平面走向布置以及管道材质和规格；明确供水附件、消火栓设备等的平面安装位置。熟悉建筑消防给水系统施工图常用图例，有助于实现快速准确的识读。

第4章 暖通空调施工图的识读

暖通空调工程是为控制室内空气温度、湿度、气流速度和洁净度等问题而设置的建筑设备系统。本章基于某高层公共建筑介绍建筑设备中暖通空调施工图识读。

4.1 暖通空调工程概述

暖通空调工程具有设备多、系统复杂的特点，在识图中应首先了解建筑的性质和功能，进而识别暖通空调系统、查找有用的信息。

4.1.1 暖通空调工程的主要功能

1. 供暖

供暖是暖通空调工程重要的功能之一，随着人们的生活水平越来越高，人们对自己的工作环境要求也有了提高。为了保证寒冷时期人们工作和生活的房间内有舒适的温度，可以通过暖通空调工程向室内提供一定的热量。

2. 通风

通风的任务，除了要创造良好的室内空气环境外，还要对室内排出的污浊空气进行必要的处理，使其符合排放标准，以避免或减少对大气的污染。在大多数不满足自然通风条件的建筑物中，可采用暖通空调工程的机械通风设备强制实现室内外空气的交换。在火灾发生时，防烟排烟系统还担负着强制排出火灾燃烧烟气和向疏散通道强制输入室外新鲜空气的作用。

3. 空气调节

空气调节是采用人工方式，消耗一定的能源，按需要搬运转移空气中的热量、水分等，创造出使人体感觉舒适的室内环境，也为建筑物内部工作的机器、设备及部件的正常运转提供合适的环境。

4.1.2　暖通空调工程的主要设备

在暖通空调工程中，提供冷热源的设备即空调主机，包括制冷机组、供热锅炉等，它们通过输入能量，制造或产生所需要的冷量或热量；提供输送动力的设备主要指水泵和风机，它们为水和风的流动提供了动力；热能转换装置则是通过换热装置将流体中的热能转换出来，常见换热器有水－水换热器、汽－水换热器和空气－空气换热器。在空调系统中，常使用的风机与换热盘管包括风机盘管和空气处理机组等设备，既提供了空气输送动力又提供了热能交换，一般被称为空调末端装置。

在空调工程中还有一部分设备担任着非常重要的角色，那就是用以保证空气品质的空气净化设备，如各种过滤器、吸附装置、消毒灭菌设施等；在水系统中则有各种各样的水过滤装置、水处理装置和加药装置；为实施自动控制而设置的各种电动风阀、电动水阀、温控装置等也常被纳入暖通空调设备范畴。但它们在系统中主要起辅助、提升系统品位的作用，一般称之为辅助设备或附件。

暖通空调系统中的设备很多，下面介绍常用的主要设备。

（1）空气处理装置

1）表面式换热器。表面式换热器的原理是让热媒或冷媒或制冷工质流过金属管道内腔，而要处理的空气流过金属管道外壁进行热交换来达到加热或冷却空气的目的。风机盘管是典型的表面式换热器，可以在冬天送暖气，夏天送冷气。图 4-1 所示为表面式换热器的原理图。

2）空气的加湿、减湿设备。不同工艺的房间对湿度的要求是不一样的，根据房间所需要的湿度，适当地对空气进行加湿、减湿处理的装置，如喷水池为空气加湿，表冷器则用来为空气减湿。

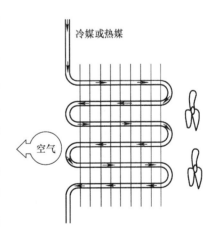

图 4-1　表面式换热器原理图

3）空气的净化设备。暖通空调系统常用的空气净化设备是空调过滤器，它的作用是对含尘量不大的空气进行净化处理，使空气质量达到人体的健康标准。

4）风机盘管。风机盘管是空气处理系统的一个末端设备，也是一个小型的空气处理装置。图4-2所示为末端设备接管示意图，风机盘管与吊顶式空调风柜的水管接管均有三个接口，分别是供水管、回水管和凝结水管，考虑设备振动的因素，接口处均设置软接头。

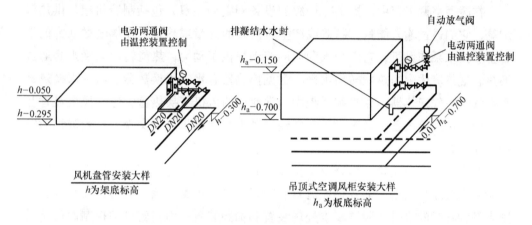

图4-2 末端设备接管示意图

（2）通风机 通风机是依靠输入的机械能，提高气体压力并排送气体的设备。按气体流动的方向，通风机可分为离心式、轴流式、斜流式和横流式等类型，而离心式和轴流式通风机是暖通空调系统中经常使用的。

（3）消声器 暖通空调系统的主要噪声源是风机，风机的噪声在经过各种自然衰减后，仍然不能满足室内噪声标准时，应在风管的管路上安装专门的消声装置，这种消声装置叫做消声器。消声器是阻止声音传播而允许气流通过的一种装置，是消除空气动力性噪声的有效工具。

（4）静压箱 静压箱是送风系统减少动压、增加静压、稳定气流和减少气流振动的一种必要的配件，它可使送风效果更加理想。静压箱可用来减少噪声，又可获得均匀的静压出风，减少动压损失。而且还起万能接头的作用。把静压箱应用到通风系统中，可提高通风系统的综合性能。

（5）制冷机组 制冷机组是将制冷循环系统中的四大构件和辅助构件的全部或部分在工厂中组建成一个整体，而后出厂，用户只接上水管就可以直接使用。制冷机组根据冷凝器的冷却方式可分为风冷式和水冷式，家用小型空调采用的是风冷式，中央空调大多采用水冷式。图4-3所示为制冷机组的组成及原理。

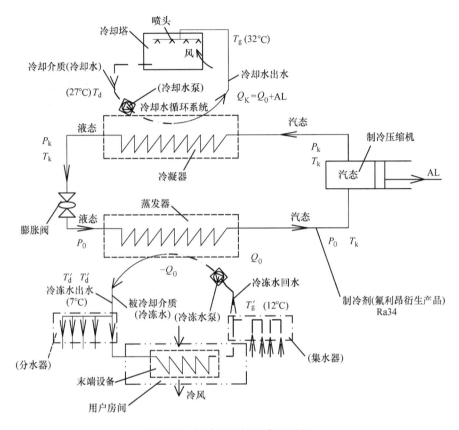

图 4-3　制冷机组的组成及原理

（6）冷却塔　冷却塔在冷却水环路中为冷凝器的冷凝提供水温较低的冷却水，带走冷凝器中制冷剂的热量。图 4-4 所示为冷却塔工作原理。

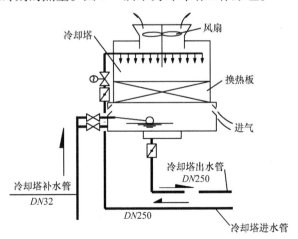

图 4-4　冷却塔工作原理

4.1.3 暖通空调系统组成

暖通空调系统包含供暖系统、通风系统、空调系统、冷热源系统等；好的生活、工作环境，要求室内温度适宜、湿度恰当、空气洁净，这些由暖通空调系统来实现。

1. 供暖系统

供暖系统是由壁挂锅炉（落地锅炉）、室内管网和散热器等设备组成的系统。随着科技发展，我国家庭采暖也历经了几十年的发展，从最落后的柴火取暖到家庭式暖气供暖再到如今的集中供暖。供暖技术在不断地发展。供暖系统有很多种分类方法，按照热媒的不同可以分为：热水供暖系统、蒸汽供暖系统、热风采暖系统；按照热源的不同又分为热电厂供暖、区域锅炉房供暖、集中供暖三大类等。

在民用建筑中，低温热水采暖系统最为常见，散热设备形式主要有对流式散热器和辐射散热器。在北方严寒和寒冷地区，热源是由城市集中供热热网提供的，在没有集中供热网时则需要设置独立的锅炉房为系统提供热源。

2. 通风系统

随着我国工业的快速发展，工业有害物的排放量越来越多，环境污染问题越来越严重。环境污染给我国社会经济的发展造成了很多负面的影响，如果不进行处理，将会严重威胁人类的健康。

通风方式主要有自然通风和机械通风。自然通风是依靠室外风力造成的风压和室内外空气温度差造成的热压，促使空气流动，使得建筑室内外空气进行交换。机械通风则是以风机为动力，通过管道实现空气的定向流动。不满足自然通风条件的建筑都需要采用机械通风系统。

3. 空调系统

空调系统是以空气调节为目的的对空气进行处理、输送及分配。空调系统的分类有许多方法，以下两种分类方法最为常见。

（1）按空气处理设备的设置情况进行分类

1）集中系统。集中系统就是把所有的空气处理设备——冷却器、加热器、过滤器、加湿器和风机等均设置在一个集中的空调机房内。

2）半集中系统。半集中系统除了设有集中空调机房外，还设有分散在空调房间内的空气处理装置。

3）全分散系统。全分散系统又可称为局部机组，是把冷（热）源、空气处理设备和空气输送装置都集中设置在一个空调机内，因此，该系统不需要集中的机房。

（2）按负担室内负荷所用的介质种类进行分类

1）全空气系统。全空气系统是指空调房间的室内负荷全部由处理过的空气来负担的空气调节系统。这种系统在实现空调目的的同时也可以实现室内的换气，保证良好的室内空气品质。目前在体育馆、影剧院、商业建筑等大空间建筑中应用广泛。

2）全水系统。全水系统是指空调房间的室内负荷由一定的水来负担的空调系统。典型的全水系统如风机盘管系统、辐射板供冷供热系统，因为其没有通风换气作用，单独使用全水系统在实际工程中很少见，一般都需要配合通风系统一同设置。

3）空气–水系统。空气–水系统是指空调房间的室内热湿负荷是由处理过的空气和水共同负担的空调系统，典型的空气–水系统是风机盘管+新风系统，这种系统由于比较适应大多数建筑的情形，因此在实际工程中也应用最多。

4）冷剂系统。冷剂系统是指将制冷系统的的蒸发器直接放入空调房间以吸收余热和余湿的空调系统。在这一过程中，负担室内热湿负荷的介质是制冷系统的制冷剂。

4.2 暖通空调工程施工图的识读方法

1. 管路代号

在通风空调专业施工图中，管道的性质分为两种，一种是输送空气的管道，称为风管；一种是输送水和蒸汽的管道，称为水管。为了区别各种不同性质的管道，国家标准规定了用管道名称的汉语拼音字头来表示，如风管中空调风管用"K"表示；新风管用"X"表示；空调的膨胀水管用"PZ"表示。风管代号和水汽管道代号分别见表4-1与表4-2。

表4-1 风管代号

代　号	风管名称	代　号	风管名称
K	空调风管	H	回风管
S	送风管	P	排风管
X	新风管	PY	排烟或排风、排烟共用管道

表4-2 水、汽管道代号

序号	代号	管道名称	序号	代号	管道名称	序号	代号	管道名称
1	H	热水管	8	X	循环管	15	RH	采暖热水回水管
2	Z	蒸汽管	9	YS	溢水（油）管	16	CY	除氧水管
3	N	凝结水管	10	LG	空调冷水供水管	17	YS	盐溶液管
4	PZ	膨胀水管	11	LRG	空调冷、热水供水管	18	FQ	氟气管
5	XI	连续排污管	12	LQG	空调冷却水供水管	19	FY	氟液管
6	Pq	排气管	13	n	空调冷凝水管	20	XS	泄水管
7	Pt	旁通管	14	BS	补水管			

在给排水工程中，也有类似的情况，例如：J代表给水，W代表污水，Y代表雨水等。对于系统代号并没有统一的规定，一般以图样说明为准，没有特殊说明的可参照制图标准。

2. 系统编号

在暖通工程施工图中，有时会同时出现供暖、通风、空调等系统，当有两个或两个以上的不同系统同时出现时，就应该有系统编号来区分不同的系统。暖通空调的系统编号与入口编号是由系统代号和顺序号组成的：系统代号由大写的汉语拼音字母表示，详见表4-3；顺序号由阿拉伯数字表示，图4-5所示为系统代号、编号的表示方法。

表4-3 系统代号

序号	系统名称	字母代号	序号	系统名称	字母代号
1	（室内）供暖系统	N	9	新风系统	X
2	制冷系统	L	10	回风系统	H
3	热力系统	R	11	排风系统	P
4	空调系统	K	12	加压送风系统	JY
5	新风换气系统	XP	13	排烟系统	PY
6	净化系统	J	14	排风兼排烟系统	P（PY）
7	除尘系统	C	15	人防送风系统	RS
8	送风系统	S	16	人防排风系统	RP

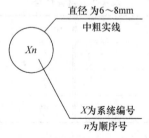

图4-5 系统代号、编号的表示方法

4.3　暖通空调工程施工图识读示例

暖通空调工程施工图的识读，应遵循从整体到局部、从大到小、从粗到细的原则，同时要将文字和图样对照起来，将平面图和系统图相互对照识读。识图的过程是一个从平面到空间的过程，还要利用投影还原的方法，将图样上各种图线、图例所表示的管件与设备的空间位置及管路的走向在脑海中呈现出来。

识图的顺序是先看图样目录，了解建设工程的性质与设计单位，弄清楚整套图样共有多少张，分为哪几类；其次是看设计施工说明与材料设备表等一系列文字说明；然后再按照原理图、平面图、剖面图、系统轴测图及详图的顺序认真详细地识读。

对于每一张图样，识图时首先要看标题栏，了解图名、图号、图别、所选用的比例等；其次看所画的图形、文字说明和各种数据，弄清楚各系统编号、管路走向、管径大小、连接方法、尺寸标高与施工要求；对于管路中的管道、配件应明白其材质、规格和数量，也要知道管路中所采用设备的型号、数量和参数等；另外还要看清楚管路与建筑及设备之间的定位尺寸及相互关系。

1. 图样目录

图样目录就像写作文时所列的提纲，是一份提纲挈领的独立文件，能快速地从中读取到所需要的信息。图4-6所示为图样目录的组成（部分）。

××筑设计有限公司		工程项目	××实业有限公司		
证书编号		子项名称	××大厦		
项目经理	专业负责人	图样目录选用图集	HT		
审定	校核		图别	张次	张数
审核	设计		暖施	1	14
			2007年05月		
编号	图样名称	图号	张数	备注	
1	图样目录、选用图集、设计施工说明	暖施-01	1		
2	主要设备材料表、图例	暖施-02	1		
3	负一层通风排烟平面图	暖施-03	1		
4	负一层空调风系统及防烟系统平面图	暖施-04	1		
5	一层通风及空调风系统平面图	暖施-05	1		
6	二～四层通风及空调风系统平面图	暖施-06	1		
7	五～十二层通风及空调风系统平面图	暖施-07	1		
8	负一层空调水系统平面图	暖施-08	1		

图4-6　图样目录的组成（部分）

图样目录中所包括的内容有：设计单位、设计编号、设计人员、审核审定人员、工程名称、图样名称、图号、图别、页数等。图样名称编号顺序上可能会有些差别，但一般都会按照：说明→平面图→系统、原理图→大样、详图的基本顺序进行编排，有时可能是为了节省纸张把两类或者两类以上综合到同一张图样上，但这并不影响识图。

2. 设计施工说明

设计施工说明包括设计说明和施工说明两大部分。

设计说明主要介绍设计依据、设计概况、冷热源及冷媒情况、系统形式及控制方式、通风系统设计内容、防排烟系统设计内容、消防控制要求等内容。

（1）设计依据　设计采用的标准和规范，只需列出规范的名称、编号、年份，设计气象参数则需列出具体数据。设计依据必须来自于国家规范性文件，具有权威性；这些文件是强制推行的，具有法律效应。

（2）设计概况　设计概况主要介绍建筑的使用性质、各房间的功能、高度和建筑面积以及设计的内容。

（3）通风系统及防排烟系统说明设计　主要介绍建筑内的通风换气次数。不同功能的场所，换气次数及排烟、排风量会有所不同。

施工说明主要是通过文字方式讲述工程设计采用的连接形式、安装方法、主辅材料、系统承压能力等一些在施工过程中需要注意的事项。

3. 设备表、图例

（1）设备表　设备表当中，主要是对设计中选用的主要运行设备进行描述，其组成主要有：设备名称、在图样中的图例标号、设备性能参数、设备主要用途和特殊要求等内容。图 4-7 所示为一典型的设备表。

客房楼空调系统K-(1-12)-

1	吊顶式风柜	LAH-3S-6	制冷量/制热量: 46.2/47.38kW　耗电量: 0.55kW	台	12	新风工矿
			风量: 3000m³/h　余压: 205Pa			每层一台
2	暗装风机盘管	FC-8CC	制冷量/制热量: 7.56/12.76kW　耗电量: 55W	台	24	配回风箱
			风量: 1360m³/h　余压: 30Pa			
3	暗装风机盘管	FC-6CC	制冷量/制热量: 5.4/8.7kW　耗电量: 55W	台	203	配回风箱
			风量: 1020m³/h　余压: 30Pa			
4	暗装风机盘管	FC-4CC	制冷量/制热量: 3.83/6.54kW　耗电量: 35W	台	4	配回风箱
			风量: 680m³/h　余压: 30Pa			
5	暗装风机盘管	FC-2CC	制冷量/制热量: 2.08/3.4kW　耗电量: 20W	台	12	配回风箱

图 4-7　设备表

（2）图例 在图样中，设备一般都用抽象的方框、圆等图形来表示，所以在阅读设备表的同时，最好能记忆图例标号所代表的设备，以便后期阅读图样时，能够更加快捷、高效；同时也利于后期阅读图样时，能够顺利根据图例标号查找到该设备的名称及参数。图4-8所示为暖施图例表（部分）。

图例

水系统		风系统	
L1 ———————	空调供水管	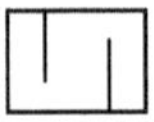	消声器
L2 —·—·—·—	空调回水管		
Lq1 ——————•	冷却水供水管		管道式通风器
Lq2 ——————	冷却水回水管		壁式通风器、方壁式轴流风机
R1 ——·—·—·	热媒供水管		70℃防火调节阀(电动常开)
R2 ——··——··	热媒回水管		70℃防火调节阀
P ——·—·—·	定压膨胀管		280℃排烟防火阀(与风机连锁、常开)
N —·——·——	空调凝结水管		多叶送风口

图4-8 暖施图例表（部分）

4. 平面图、剖面图

平面图主要体现建筑平面功能和暖通空调设备与管道的平面位置、相互关系，平面图主要包括负一层通风排烟平面图、各层空调风管平面图、各层空调水管平面图等。通常工程图将空调风管平面图和水管平面图分开设置，在一些比较简单的项目中，空调风管和水管可能在同一张图上表达。剖面图则主要体现垂直方向各种管道、设备与建筑之间的关系。一般而言在平面管道与设备有交叉或建筑较复杂，平面图无法体现其设计意图时就通过绘制剖面图来体现。

（1）平面图的阅读 应首先阅读图中文字说明，了解建筑功能、建筑朝向、室内外地面标高和建筑防火分区等信息，有了一个基本的概念后再进一步了解暖通空调的系统设置情况及表达了哪几个部分内容；其次识读平面图上主要设备的数量、定位尺寸、设备的接口及型号；最后以设备为源头，识读各部分的干管、分支管及配件。图4-9所示为负一层通风排烟平面图（部分）。

图4-9中表达了建筑的功能及标高，根据系统代号，这部分建筑中有两台排风机组，即P1-1和P2-1。P1-1机组主要为高压配电房、低压配电房和空调机房排风，风管顶部标高为-2.1m，600×600的风口1个，700×700的风口3个，1000×700的风口1个，还可以读出风管的尺寸及与墙的距离等信息；P2-1为发电机房和储油间排风，风口的个数及风管尺寸都能从图中读出来。

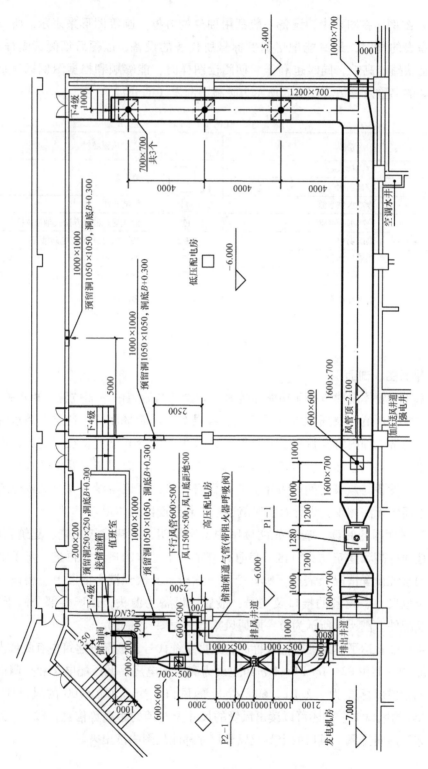

图 4-9　负一层通风排烟平面图（部分）

（2）剖面图的阅读 在工程施工图中，只有当平面图中无法表达复杂管道的相对关系及竖向位置时，就通过绘制剖面图来表达。图 4-10 所示为吊装风机盘管的平面图和剖面图。

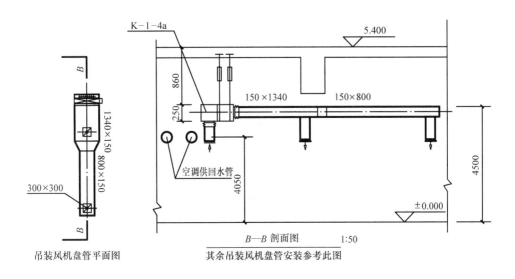

图 4-10 吊装风机盘管的平面图和剖面图

从 *B – B* 剖面图上可以看出房间的高度，风口的安装方式、风口距地面的距离，风机盘管的安装高度，盘管的尺寸等内容。

5. 系统轴测图

系统轴测图包括空调水系统图、空调风系统图。空调水系统又包括空调冷冻水系统和空调冷却水系统；空调风系统包括新风系统、排风系统、空调系统。因此，阅读系统图时首先要分清图示是什么系统，然后针对每个系统，从源头出发，查清横干管和立管的数目，先识读干管再识读分支管。识读水系统的干、支管时要注意管道的标示、管道的材质、管径、管径随标高或走向的变化、管道的坡度；管道上的管件、阀门、仪表、设备及部件的种类、型号及数量，以及安装的部位与顺序。识读风系统图时要注意：首先要找到新风竖井或排风竖井或空调箱，注意竖井随标高的变化，竖井上分支进或出的数量与口径，其总进口（总出口）上设备及部件的数目、规格与型号，设备及部件的连接顺序。

图 4-11 所示为空调水立管系统图，图中可以清楚地看到各楼层水平管的标高与管径、水流的方向、立管最上端的自动排气阀、膨胀水箱的标高及接管的管径、所采用的阀门、计量表等内容。

在竖井风道图中也可以明确地看出各加压送风系统的送风口标高、尺寸，出

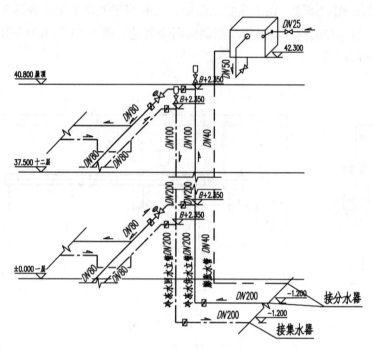

图4-11　空调水立管系统图

于完整表达系统的需要，还将加压送风机的安装标高、送风管管径及安装标高等绘制在图样上，将竖井风道图与相应的风管平面图对照可以了解整个系统的基本情况。

6. 屋顶冷却塔平面布置图

从冷却塔的平面布置图上可以看到冷却塔在屋顶的位置，距离周边物体的距离，冷却塔进出水管的管径，冷却塔的尺寸型号等内容。图4-12所示为冷却塔系统平面图。

从图4-12中可以看出，该系统采用了两座冷却塔，冷却塔所采用的设备型号列于设备表，冷却塔位于电梯机房的屋顶，进出水管的管径都为250mm，水流方向按箭头所示，每座冷却塔均有一根供水管和一根回水管，冷却塔尺寸及与周围物体的距离、冷却塔的平面布置均能清楚地从图中读出。

7. 冷冻机房管路系统平面图

冷冻机房管路系统平面图表达的重点是整个冷热源系统的组织与原理，通过设备、阀门配件、仪表、介质流向等的绘制表达设备与管道的连接、设备接口处阀门仪表的配备、系统的工作原理。读图时要结合冷冻机房设备平面布置图和冷冻机房设备透视图，这样可以清楚地看到制冷机组及设备在机房内的布置情况，

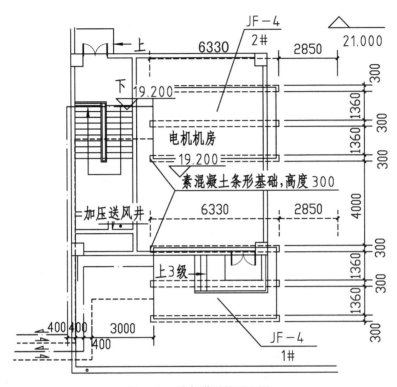

图 4-12 冷却塔系统平面图

机组距墙体的定位距离，制冷机组的工作流程，流体的流动方向，各组水管的管径等内容。图 4-13 所示为冷冻机房管路系统平面图，从图中可以清楚了解制冷机房设备的组成及平面布置，包括两台制冷机组，四台水泵（左边两台是冷却水的循环水泵，右边两台是冷冻水的循环水泵），分水器、集水器等。为了识图的方便和不引起误解，不同类型管线交叉的地方把线打断，被打断线的空间位置在后方。

8. 分水器、集水器大样图

大样图中的分水器、集水器部分体现了空调水系统根据建筑功能设置的空调供回水环路，考虑到随室外气象参数的变化，不同功能建筑房间的空调负荷变化是不一样的，在回水管上设置温度计可以对不同环路的负荷情况有一个基本的判断，并依据此判断调节分水器上供水环路的平衡阀使其流量分配能适应负荷的变化。在分水器与集水器之间的连通管上设置差压旁通阀是为了保证主机的流量处于稳定运行的区间，因为在末端设备的电动两通阀大多关闭时，空调水系统的阻力增加很多，流量下降较大，而此时差压旁通阀根据压差动作使得分水器内的空调冷冻水直接回流到水泵和主机，保证了主机的流量。图 4-14 所示为分水器、集水器大样图。

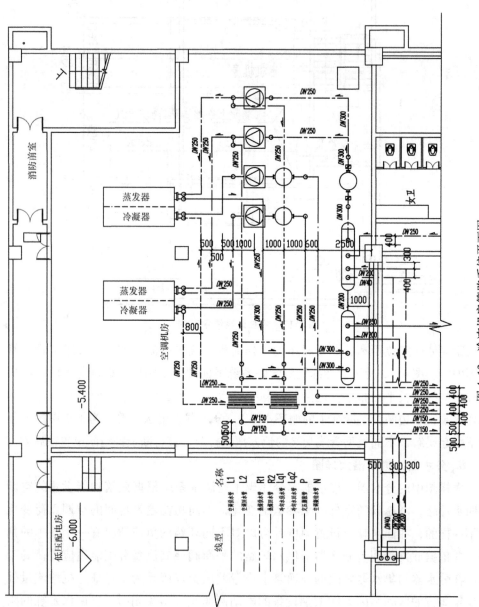

图 4-13 冷冻机房管路系统平面图

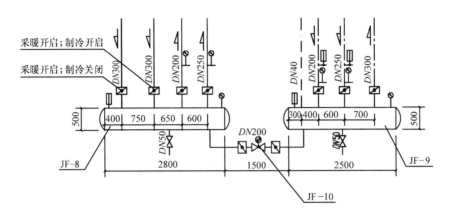

图 4-14　分水器、集水器大样图

在分水器上，左边两根立管上各有一个阀门，当制冷时把左边阀门关闭右边阀门开启，采暖时左边阀门开启右边阀门关闭。分水器、集水器上设有压力表和温度计，用来测定压力和温度。集水器左边的 DN40 管道为膨胀管，与屋顶的膨胀水箱连接。膨胀水箱的作用是收容和补偿系统的胀缩水量，是热水采暖系统和中央空调水路系统中的重要部件。

本 章 小 结

1. 本章介绍了暖通空调工程的基本系统与主要设备，暖通空调工程图样的表达方法以及识图方法。

2. 暖通空调工程的主要设备在实际工程中一般分为主机设备、输送设备、末端设备和辅助设备。主机设备泛指空调冷热源设备，包括锅炉、各种冷水机组等；输送设备是指水泵与风机；末端设备主要是指风机盘管、散热器等；辅助设备是指为保证系统良好运行设置的设施，如水处理装置、自动控制装置等。了解暖通空调主要设备的基本原理、主要参数，可为暖通空调工程图的识读打下基础。

3. 暖通空调工程的主要系统包括供暖系统、通风系统和空气调节系统。了解这些基本的暖通空调系统有助于建立全局的观点，理解、掌握图样的设计意图，提高看图识图效率。

4. 设计说明、平面图、剖面图、系统图和安装大样图是暖通空调图样的基本表达方式，了解各表达方式的特点和表达重点，有助于在看图识图过程中提取有用的信息，迅速查找需要了解的信息。

5. 暖通空调图样的识图，首先要有全局的观点，了解工程基本情况，暖通空调系统设置的基本情况，要善于从设计说明中了解设计基本思路和设计意图。在识图中，要注意不同项目图样的表达有所不同，因此图样中的图例就成为理解图样的工具；设备表提供的设备性能参数则有助于理解系统工作原理；而平面图、剖面图、系统图、流程图则各有侧重地表达了暖通空调系统的组成、组织和衔接；必要的安装大样图则体现设备管道连接的细节。

第5章 建筑电气施工图的识读

教 学 要 求

➤ 了解建筑电气施工图的组成及其作用。
➤ 掌握建筑电气施工图识读的一般步骤。
➤ 了解电气施工图中线路、用电设备、照明器具的标注方法。
➤ 能读懂变配电工程、动力及照明工程施工图。
➤ 了解避雷接地系统的组成。
➤ 能读懂防雷接地施工图。

　　建筑电气工程的主要功能是输送和分配电能、应用电能和传递信息，为人们提供舒适、便利、安全的建筑环境。现代建筑电气工程主要分为强电和弱电两部分。一般来说强电的处理对象是能源（电力），其特点是电压高、电流大、功率大、频率低，主要考虑的问题是减少损耗、提高效率；弱电的处理对象主要是信息，即信息的传送和控制，其特点是电压低、电流小、功率小、频率高，主要考虑的问题是信息传送的效果，如信息传送的保真度、速度、广度、可靠性。弱电主要包括火灾自动报警及消防联动系统、有线电视系统、电话通信系统、扩声与背景音乐系统、安全防范系统等。本章主要介绍强电施工图的识读。

5.1　建筑电气工程概述

5.1.1　建筑电气工程系统组成

　　（1）变配电工程　变配电工程将电源接入、降压并分配给用户，它的范围为电力网接入电源点到分配电能的输出点，由变电设备和配电设备两部分组成，同时还包括变配电工程内的照明、防雷接地工程。

　　（2）动力工程　动力工程将电能作用于电动机使动力设备（一般指三相设备）运转，它的范围是电源引入—各种控制设备（如动力开关柜、箱、屏及刀开关等）—配电管线（包括二次线路）—电动机或用电设备以及接地、调试。

　　（3）照明工程　照明工程是将电能作用于照明设备（一般指单相设备），通过电光源将电能转换为光能，它的范围是电源引入—控制设备—配电线路—照明灯器具（包括插座）。

（4）防雷接地工程　建筑物的防雷装置一般由接闪器、引下线、接地装置三部分组成。等电位联结是将建筑物内的金属构架、金属装置、电气设备不带电的金属外壳和电气系统的保护导体等与接地装置作可靠的电气联结。由于建筑物的防雷系统也需要做接地装置，因此建筑物防雷保护与电气设备保护可共用同一接地系统，合并设计并安装。

5.1.2　常用电气施工图图例符号

电气图例符号一般采用会意图形，同一类型设备的图例符号采用主体相近、略有变化的形式，如配电箱不论是动力配电箱、照明配电箱还是事故照明配电箱，主体都是一个矩形框，框内略有差异。常用电气施工图图例符号见表5-1。

表5-1　常用电气施工图图例符号

图 例	名 称	图 例	名 称
	双绕组变压器		灯的一般符号
	三绕组变压器		球形灯
	电流互感器		壁灯
	电压互感器		顶棚灯
	电源自动切换箱		花灯
	动力配电箱		防水防尘灯
	照明配电箱		单管荧光灯
	事故照明配电箱		双管荧光灯
	隔离开关		三管荧光灯
	负荷开关		五管荧光灯
	断路器（空气开关）		嵌入式方隔栅吸顶灯
	带漏电保护器的断路器		墙上坐灯
	熔断器式开关		单向疏散指示灯
	熔断器式隔离开关		双向疏散指示灯
	避雷器		安全出口指示灯
	指示式电流表		明装单级开关

（续）

图　例	名　称	图　例	名　称
Ⓥ	指示式电压表	⏤●	暗装单级开关
cosφ	功率因数表	⏤●	暗装双极开关
Wh	电度表	⏤●	暗装三级开关
电铃符号	电铃	⏤●	暗装双控开关
Y	明装单相插座	插座符号	暗装带保护接点插座
暗装单相插座符号	暗装单相插座	插座符号	暗装带接地插孔三相插座

5.1.3　线路及设备的标注方法

电气施工图中标注出的电气线路和电气设备有其特定的含义，读图时应注意熟悉记忆。

1. 线路标注格式为

线路标注格式为

$$a—b\ (c×d)\ e—f$$

其中，a 为回路编号；b 为线缆型号；c 为导线根数或电缆芯数；d 为导线单根截面积或电缆单芯截面积（mm^2）；e 为导线敷设方式及穿管直径（mm），线路敷设（配线）方式的文字代号见表5-2；f 为导线敷设部位，线路敷设部位文字符号见表5-3。

表 5-2　线路敷设（配线）方式的文字代号

配线方式	英文代号（新）	拼音代号（旧）
暗敷	C	A
明敷	E	M
焊接钢管	SC	G
硬塑料管	PC	VG，SG
阻燃半硬塑料管	FPC	ZRG
阻燃塑料管	PVC	—
紧定管	JD	—
电线管（水煤气管）	MT	DG
金属软管	F	—

（续）

配 线 方 式	英文代号（新）	拼音代号（旧）
蛇皮管	CP	SPG
电缆桥架	CT	—
瓷夹	PL	CJ
瓷绝缘子（瓷瓶）	K	CP
塑料夹	PCL	VJ
钢索	M	S
金属线槽	MR	GC
塑料线槽	PR	XC
铝皮线卡 铝片卡	AL	QD
直埋	DB	—
穿混凝土排管	CE	—
电缆沟	TC	—

表5-3　线路敷设部位文字符号

敷 设 部 位	英文代号（新）	拼音代号（旧）
地面（板）	F	D
墙	W	Q
顶棚	CE	P
屋面或顶板	C	P
柱	CL	Z
梁	B	L
吊顶	SCE	PN
梁（屋架）	AB	

绝缘导线型号表示如图 5-1 所示。常用导线型号见表 5-4。

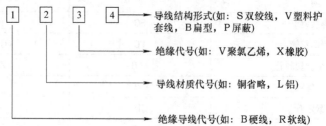

图 5-1　绝缘导线型号表示

表 5-4　常用导线型号

类　别		型　号	名　称
塑料绝缘导线	聚氯乙烯绝缘	BV	铜芯聚氯乙烯绝缘导线
		BLV	铝芯聚氯乙烯绝缘导线
		BVV	铜芯聚氯乙烯绝缘聚氯乙烯护套
		BLVV	铝芯聚氯乙烯绝缘聚氯乙烯护套
	氯丁橡胶绝缘	BXF	铜芯氯丁橡胶绝缘导线
		BLXF	铝芯氯丁橡胶绝缘导线
橡胶绝缘导线		BX	铜芯橡胶绝缘导线
		BLX	铝芯橡胶绝缘导线
		BXHF	铜芯橡胶绝缘氯丁护套
		BLXHF	铝芯橡胶绝缘氯丁护套
		BBX	铜芯玻璃丝编织橡胶绝缘导线
		BBLX	铝芯玻璃丝编织橡胶绝缘导线
		BXR	铜芯橡胶软线
		BLXR	铝芯橡胶软线
		RXS	铜芯棉纱编织橡胶绝缘双绞软线
		RLXS	铝芯棉纱编织橡胶绝缘双绞软线

电缆型号表示如图 5-2 所示，电缆型号含义见表 5-5，电缆的外护层代号含义见表 5-6。常用电力电缆型号见表 5-7。

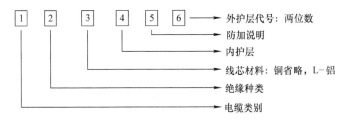

图 5-2　电缆型号表示

表 5-5　电缆型号含义

电缆类别	绝缘种类	内护层	附加说明
电力电缆	Z：油浸纸	H：橡套	CY：充油
K：控制电缆	X：天然橡胶	HP：非燃性橡胶护套	D：不滴流
P：信号电缆	XD：丁基橡胶	HD：耐寒橡胶护套	F：分相

（续）

电缆类别	绝缘种类	内护层	附加说明
YT：电梯电缆	XE：乙丙橡胶	HF：氯丁胶护套	G：高压
U：矿用电缆	Y：聚乙烯	L：铝护套	C：滤尘用
Y：移动式软电缆	YJ：交联聚乙烯	Q：铅护套	P：屏蔽
H：室内电话缆	V：聚氯乙烯	V：聚氯乙烯护套	Z：直流
UZ：电钻电缆	E：乙丙胶	Y：聚乙烯护套	

表5-6 电缆的外护层代号含义

铠装层代号		外护套代号	
代号	铠装层类型	代号	外护层类型
1	裸金属护套	11	裸金属护套，一级外护层（麻）
		12	钢带铠装，一级外护层
		120	裸钢带铠装，一级外护层
		13	细钢丝铠装，一级外护层
		130	裸细钢丝铠装，一级外护层
		15	粗钢丝铠装，一级外护层
		150	裸粗钢丝铠装，一级外护层
2	双钢带	21	钢带加固麻被护层
		22	钢带铠装，二级外护套
		23	细钢丝铠装，二级外护套
		25	粗钢丝铠装，二级外护套
		29	内钢带铠装
3	细圆钢丝	39	内细钢带铠装
4	粗圆钢丝	49	内粗钢丝铠装

表5-7 常用电力电缆型号

型 号	名 称
YJV、YJLV	铜（铝）芯交联聚乙烯绝缘聚氯乙烯护套电力电缆
YJV22、YJLV22	铜（铝）芯交联聚乙烯绝缘钢带铠装聚氯乙烯护套电力电缆
VV、VLV	铜（铝）芯聚氯乙烯绝缘聚氯乙烯护套电力电缆
VY、VLY	铜（铝）芯聚氯乙烯绝缘聚乙烯护套电力电缆
VV22、VLV22	铜（铝）芯聚氯乙烯绝缘钢带铠装聚氯乙烯护套电力电缆
VV23、VLV23	铜（铝）芯聚氯乙烯绝缘钢带铠装聚乙烯护套电力电缆

例如，"W1-BV（2×2.5）MT16-WC"表示 W1 回路编号，2 根截面积为 2.5mm²的铜芯聚氯乙烯绝缘导线，穿管径为 16mm 的电线管暗敷设在墙内。"YJV22-（3×35+2×16）SC50-FC"表示 3+2 芯铜芯交联聚乙烯绝缘钢带铠装聚氯乙烯护套电力电缆，其中三相交流电相线截面积均为 35mm²、零线和地线的截面积均为 16mm²，穿管径为 50mm 的焊接钢管沿地暗敷设。

2. 用电设备标注格式

用电设备标注格式为

$$\frac{a}{b}$$

其中，a 为设备编号；b 为额定功率（kW）。

3. 动力和照明设备一般标注

动力和照明设备一般标注为

$$a\frac{b}{c} \quad 或 \quad a-b-c$$

其中，a 为设备编号；b 为设备型号；c 为设备功率（kW）。

4. 开关及熔断器一般标注

开关及熔断器一般标注为

$$a\frac{b}{c/i} \quad 或 \quad a-b-c/i$$

其中，a 为设备编号；b 为设备型号；c 为额定电流（A）；i 为整定电流（A）。

5. 照明变压器标注格式

照明变压器标注格式为

$$a/b-c$$

其中，a 为一次电压（V）；b 为二次电压（V）；c 为额定容量（VA）。

6. 照明灯具的标注

照明灯具的标注为

$$a-b\frac{c\times d\times L}{e}f$$

其中，a 为灯具数量；b 为型号或编号；c 为每个照明灯具的灯泡数；d 为灯泡容量（W）；e 为灯泡安装高度（m）；f 为安装方式，照明灯具安装方式文字符号见表5-8；L 为光源种类（可略），光源的种类及代号见表5-9。若照明灯具吸顶安装，则安装高度处标记一横线。例如，$5-BYS80\frac{2\times 40\times Y}{3.5}CS$ 表示 BYS80 型灯具 5 盏，每盏含 40W 的荧光灯管两根，链吊安装，安装高度为 3.5m。

表5-8 照明灯具安装方式文字符号

安装方式	英文代号（新）	拼音代号（旧）
链吊式	CS	L
管吊式	DS	G
线吊式	WP/CP	X
吸顶式或直附式	S	D
嵌入式（嵌入不可进入的顶板）	R	R
壁装式	W	B

表5-9 光源的种类及代号

代号	光源种类	代号	光源种类
不注	白炽灯	G	汞灯
J	金属卤化物灯	Y	荧光灯
X	氙灯	H	混光光源
L	卤钨灯	N	钠灯

5.2 建筑电气施工图的识读方法

5.2.1 建筑电气施工图的组成

建筑电气施工图是进行电气工程施工的指导性文件，它用图形符号、文字标注、文字说明相结合的形式，将建筑中电气设备规格、型号、安装位置、配管配线方式以及设备相互间的联系表示出来。根据建筑的规模和要求不同，建筑电气施工图的种类和图样数量也有所不同，常用的建筑电气工程图主要有以下几类。

1. 说明性文件

说明性文件包括设计说明、图样目录、图例及设备材料明细表。设计说明主要阐述工程概况、设计依据、施工要求、安装标准和方法、工程等级、工艺要求、材料选用等有关事项。图样目录包括序号、图样名称、编号和张数等。图例即图形符号，一般只列出与设计有关的图例，各照明开关、插座的安装高度。设备材料明细表列出了该项工程所需的设备和材料的名称、型号、规格和数量，供造价人员参考。

2. 系统图

系统图是用符号和带注释的框，概略表示系统或分系统的基本组成、相互关系及其主要特征的一种简图，是表现电气工程的供电方式、电力输送、分配、控制和设备运行情况的图样。但它只表示电气回路中各设备及元件的连接关系，不表示设备及元件的具体安装位置和具体接线方法。通过系统图可以清楚地了解整个建筑物内配电系统的情况与配电线路所用导线的型号规格（截面）、采用管径，以及总的设备容量等，了解整个工程的供电全貌和接线关系。图 5-3 所示为楼层照明配电箱系统图。

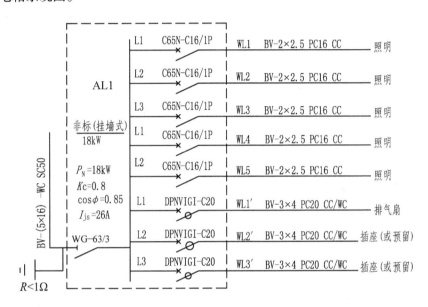

图 5-3　楼层照明配电箱系统图

3. 平面图

电气平面图是表示电气设备、装置、线路等的平面布置图，是进行电气安装的主要依据。电气平面图是以建筑平面图为依据，在图上详细绘出电气设备、装置的相对安装位置，并且详细绘出线路的走向、敷设方法等。并通过图例符号将某些系统图无法表现的设计意图表达出来，用以具体指导施工。图 5-4 所示为电气平面图。电气平面图按工程复杂程度每层绘制一张或多张，但高层建筑中，形制一样的多个楼层可以只绘制一张标准层电气平面图。

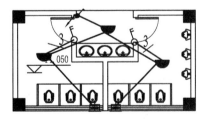

图 5-4　电气平面图

电气平面图只能反映安装位置，不能反映安装高度，安装高度可以通过说明或文字标注进行了解，另外还需详细了解建筑结构，因为导线的走向和布置与建筑结构密切相关。

4. 电气原理图

电气原理图是表示某一设备或系统电气工作原理的简图。它是按照各个部分的动作原理采用展开法来绘制的。通过分析原理图，可以清楚地了解设备或整个系统的控制原理。电气原理图不能表明电气设备和元件的实际安装位置和具体接线，但可以用来

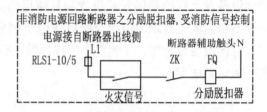

图 5-5　分励脱扣器受消防信号控制原理图

指导电气设备和器件的安装、接线、调试、使用与维修。主要是电气工程技术人员安装调试和运行管理需要使用的一种图。分励脱扣器受消防信号控制原理图如图 5-5 所示。

5. 安装接线图

安装接线图又称安装配线图，主要是指用来表示电气设备、电器元件和线路的安装位置、配线方式、接线方式、配线场所特征的图样，通常用来指导安装、接线和查线。应急照明灯具接线示意图如图 5-6 所示。

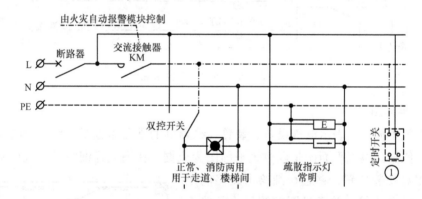

图 5-6　应急照明灯具接线示意图

6. 详图

详图是指表示电气工程中某一部分的具体安装要求和做法的图样。常用的设备、系统安装详图可以查阅专业安装标准图集。电缆密封保护管安装详图如图 5-7 所示。

在一般工程中，一套施工图的目录、说明、图例、设备材料明细表、系统图、平面图是必不可少的，其他类型的图样设计人员会根据工程的需要而加入。

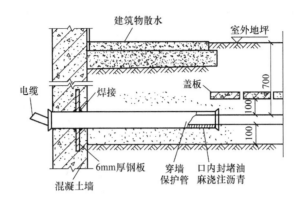

图 5-7　电缆密封保护管安装详图

5.2.2　建筑电气施工图的特点

1）建筑电气施工图会尽量采用通用标准的图形符号并加以文字符号绘制，因此熟悉常用图例符号有助于施工图的识读。遇到特殊设备或非常用元件，设计人员也会自定义一些符号，读图时需特别注意。

2）设备的形式、特征是由设备代号、图形符号、文字符号共同表示的。与建筑施工图不同，电气图样中的设备不是按实际比例绘出的，设备的实际尺寸要根据标注或其规格型号予以确定，设备的安装位置、相互关系和敷设方法也需要根据设备代号、图形符号、文字说明综合判定。电气施工图属于简图之列。

3）导线在电气平面图中采用图例和标注结合表示。为了简化图样的复杂程度，设备之间如需多根导线连接并不会如数画出，而只画出一条实线，配以标注进行导线的根数、型号及敷设方式的说明。值得注意的是，平面图上量得的线路长度，仅代表线路的水平长度，还应考虑设备安装标高和导线敷设方式以确定走线的竖直长度。

4）电气施工图是在建筑施工图的基础上绘制出来的，建筑电气施工是与主体工程（建筑结构工程）及其他安装工程相互配合进行的，结合得非常紧密，识图时需要了解各单位工程施工图相互间的配合关系。

5）建筑电气施工图对于设备、管线敷设特殊部位的安装方法、技术要求往往不能完全反映出来，在阅读图样时注意参照相关图集和规范。

5.2.3　建筑电气施工图的识读步骤

识读建筑电气工程图首先需要熟悉电气图基本知识（表达形式、通用画法、图形符号、文字符号）和建筑电气工程图的特点。一般先浏览了解工程概况，重点内容需要反复识读。读图的要点可概括为：抓住系统（图），平面（图）与系统（图）对照，必要时查阅规范。识读的步骤没有统一规定，通常可按下面的步骤进行：

1）浏览标题栏和图样目录。了解工程概况、项目内容、图样数量和内容。

2）仔细阅读总说明。了解工程总体概况、设计依据和选用的标准图集，熟悉图中提供的图例符号。说明会对工程中电气部分的总体情况进行概述，如该工程的供电形式、电压等级、线路敷设方式、设备安装方法、防雷等级、接地要求都会有所介绍。说明中还会列出设计所选用的标准图集，以便计量计价或施工时参照。

3）看系统图。了解工程的规模、形式、基本组成，干线和支线的关系、主要电气类型等，把握工程的总体脉络。

4）看平面图。了解设备、电器的种类、安装位置、数量、线路敷设部位、敷设方法以及所用导线型号、规格、根数和走向等。阅读平面图的一般顺序为：进户线→总配线箱→干线→支干线→分配电箱→支线→用电设备。

5）看电气原理图和安装接线图。设备安装时，具体部位的安装接线要根据原理图和接线图来完成，有些设备（如风机盘管等）本身设置了多种跳线方式以满足不同用户的需要，安装时一定要根据设计的要求连接，切忌完全依靠经验。

6）查阅图集。电气工程图是对具体工程的指导性文件，但不会把全部的安装方法都罗列在施工图中，具体的施工做法可以参照通用图集。一般工程都要符合国标（GB），这是最基本的标准，是保证质量的底线。此外，由于各地区气候、条件的差异，各地还有地方标准（DB）。一些重点工程，为了提升质量还会使用一些要求较高的推荐性标准（GB/T）。必要时，需查阅设计选用的规范和施工图集、图册以指导实际工程的实施。

通过以上的步骤可以顺利完成电气施工图的识读，尤其注意平面图和系统图的识读是一个反复对照的过程。并且在识读过程中，还需要考虑电气施工与建筑、水暖等专业的配合。

5.3　建筑电气施工图识读示例

5.3.1　变配电施工图

在建设项目中，电力系统包括发电厂、输电线路、变电所、配电线路及用电设备。从图5-8所示电力系统示意图可以了解到，输送用户的电能经过了以下几个环节：发电→升压→高压送电→降压→10kV 高压配电→降压→0.38kV 低压配电→用户。

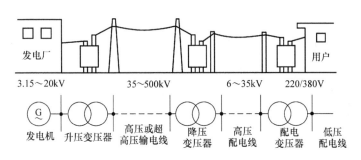

图 5-8　电力系统示意图

通常将35kV 及其以上的电压线路称为输（送）电线路，10kV 及其以下的电压线路称为配电线路。380V 电压用于民用建筑内部动力设备供电或工业生产设备供电，220V 电压多用于向生活设备、小型生产设备及照明设备供电。

本章建筑电气工程主要是指新建、扩建工程中10kV 以下变配电设备及线路安装工程、车间动力电气设备及电气照明器具、防雷及接地装置安装、配管配线、电气调整试验等的安装工程。

当建筑内电气设备的计算负荷达到一定数值或对供电有特殊要求时，一般需高压供电，并设立变电所，将高压变为380/220V 低压，向用户或用电设备供电。变电所的类型很多，工业与民用建筑设施的变电所大都采用母线连接10kV 的变电所。

目前我国的建筑变配电系统一般由以下环节构成：高压进线→10kV 高压配电→变压器→0.38kV 低压配电、低压无功补偿。

低压配电系统，是指从终端降压变电所的低压侧到民用建筑内部低压设备的电力线路，其电压一般为380/220V，配电方式有放射式、树干式、混合式，如图5-9所示。放射式由总配电箱直接供电给分配电箱，可靠性高，控制灵活，但投资大，一般用于大型用电设备、重要用电设备的供电。树干式由总配电箱采用同

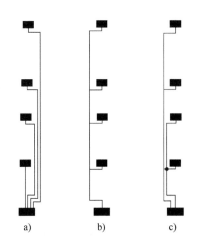

图 5-9　低压配电方式分类示意图
a）放射式　b）树干式　c）混合式

一干线连接至各分配电箱，节省设备和材料，但可靠性较低，在机械加工车间中使用较多，可采用封闭式母线配电，灵活方便且比较安全。混合式也称为大树干式，是放射式与树干式相结合的配电方式，其综合了两者的优点，一般用于高层建筑的照明配电系统。

以某厂房工程为例，图 5-10 所示为该厂房的配电系统图，图 5-11 所示为竖向配电干线图，图 5-12 ~ 图 5-14 所示为厂房配电系统平面图及接地平面图。该工程属于丙类多层工业建筑，建筑面积 5040m^2。该工程消防用电设施、公共楼梯、主要通道应急照明为二级负荷，其余皆为三级负荷。负荷容量：总功率 P_e = 244kW，总计算功率 P_{js} = 180kW。

1. 配电系统图

从厂区变配电房通过交联铜芯四芯电缆（YJV – 4 × 240）引来电源进入 AZ 低压配电柜（见图 5-10），经过隔离开关（型号 GL – 400A/3），通过带漏电流保护的断路器（型号 CW1LE – 400W/4310），用硬铜母线 TMY – 5（40 × 4）将低压电引至各低压配电箱 AL1、AL1′、AP1、AP2、AP3、APDT。此配电系统为低压配电系统。AZ 为落地式配电柜，尺寸规格为 2200mm × 1000mm × 800mm，其余配电箱安装方式及尺寸规格标注在其各自的系统图中。

图 5-11 所示竖向配电干线图直观表示了低压配电柜 AZ 和各低压配电箱所处楼层及相互关系。AZ 与 AL1、AL1′、AP1 同在厂房一层；AP2 在二层；AP3 在三层；APDT 动力配电箱在五层。AZ 以放射式配电方式将电能送至各配电箱，回路编号及所用线缆可在配电系统图（图 5-10）中对应查询。如 AZ 至 AL1 为 W1 回路，采用交联铜芯五芯电缆（YJV – 5 × 16）；AZ 至 AL1′ 为 W2 回路，采用交联铜芯五芯电缆（YJV – 4 × 35 + 16），W3 ~ W6 回路以此类推。此外，AZ 还预留了两条备用回路。

屋顶有消防稳压泵的电源自动切换箱 AWY 一台，一层有事故照明配电箱 ALE 一台。由于该工程消防用电设施、公共楼梯、主要通道应急照明为二级负荷，为确保二级负荷供电可靠性，于配电室引来专用的双电源供电，当生产、生活用电被切断时，仍能保证消防及应急的用电。如果有火灾，则消防中心在启动消防设施的同时发出切除非消防负荷的指令，使相应回路开关跳闸。

AL1′ 之后采用放射式配电方式将电能送至 AL2′、AL3′、AL4′；AP2、AP3 之后也还有配电箱，它们的电能传输及线缆敷设需在其各自相应的系统图及平面图中查阅。

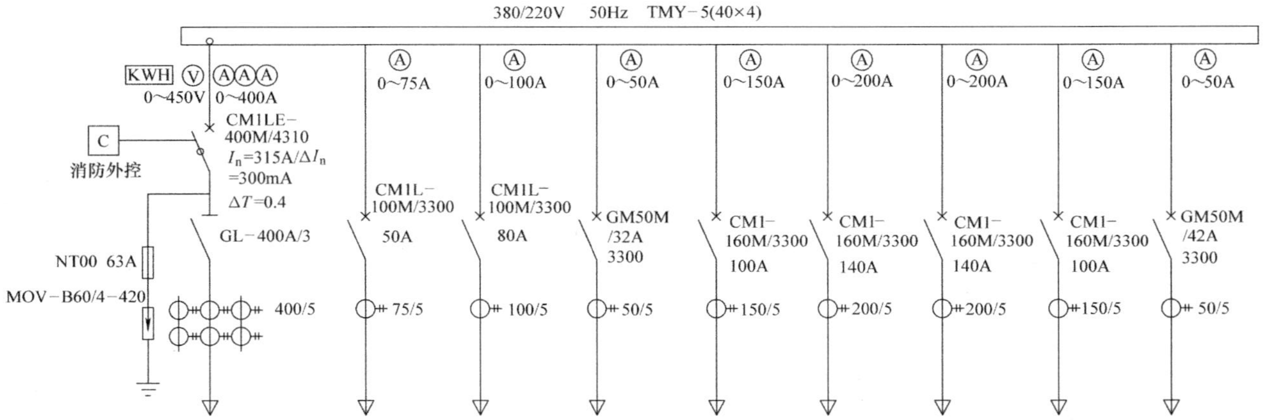

380/220V　50Hz　TMY-5(40×4)

KWH 0~450V　(V) 0~450V　(A)(A)(A) 0~400A

消防外控 C

CM11LE-400M/4310　$I_n=315A/\Delta I_n=300mA$　$\Delta T=0.4$

NT00 63A　MOV-B60/4-420

GL-400A/3　400/5

支路（从左至右）：

- (A) 0~75A　CM1L-100M/3300 50A　75/5
- (A) 0~100A　CM1L-100M/3300 80A　100/5
- (A) 0~50A　×GM50M/32A 3300　50/5
- (A) 0~150A　CM1-160M/3300 100A　150/5
- (A) 0~200A　CM1-160M/3300 140A　200/5
- (A) 0~200A　CM1-160M/3300 140A　200/5
- (A) 0~150A　CM1-160M/3300 100A　150/5
- (A) 0~50A　×GM50M/42A 3300　50/5

配电柜编号		AL1配电箱	XLL2-改					AZ
主回路方案号								
回路编号	进线	W1	W2	预留	W3	W4	W5	W6
设备容量/kW	244	18	50		75	75	60	20
需要系数 k_x	0.7	0.8	0.8		0.9	0.9	0.9	1
计算容量/kW	170	16	40		67	67	54	20
功率因数 $\cos\phi$	0.85	0.9	0.9		0.80	0.80	0.80	0.9
计算电流/A	284	25	72		110	110	90	40
出线	YJV-0.6/1kV (4×240)	YJV-0.6/1kV (5×16)	YJV-0.6/1kV (4×35+16)	预留	YJV-0.6/1kV (4×70+35)	YJV-0.6/1kV (4×70+35)	YJV-0.6/1kV (4×50+25)	YJV-0.6/1kV (4×25+16)
用户	从厂区变配电房引来	AL1配电箱	AL1'配电箱	预留	AP2配电箱	AP3配电箱	AP1配电箱	APDT配电箱
屏尺寸 (高×宽×深)/(mm×mm×mm)	AZ　落地式				2200×1000×800			

图 5-10　配电系统图

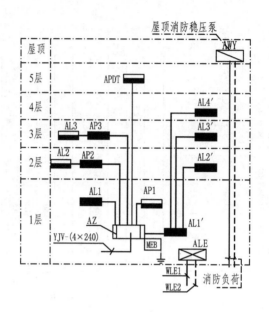

图 5-11　竖向配电干线图

2. 配电平面图

通过系统图和竖向配电干线图明确了 AZ 及各低压配电箱之间的电能传送及相互关联，设备的具体位置及相互间线缆的敷设则需要在平面图中找到对应。图 5-12 所示为一层配电间布置平面图，AZ、AP1、ALE 均在一层电管井中，AL1 则在电管井入口墙外侧。图 5-13 所示为二～四层配电间布置平面图，AP2、AP3 分别在二、三层电管井中，AL2、AL3 分别在二、三层配电间入口墙外侧。

AZ 进线为 YJV－（4×240），AZ 到各配电箱的低压配电线路大多是在配电间完成，干线大多竖直走向，水平走向较少。ALE 为双电源 2（ZR－YJV－5×10）供电；消防稳压泵的电源自动切换箱 AWY 双电源为 2（ZR－YJV－5×6），在电管井右下角有一个上引的箭头，表示此双电源在电管井内从一层拉至屋顶 AWY 箱。

3. 设备接地

图 5-14 所示为一层配电间接地平面图，表达了管井内接地扁钢的敷设部位：在墙脚敷设一圈 40×4 接地扁钢，桥架内加封闭通长 40×4 接地扁钢作接地体。图 5-11 所示竖向配电干线图中也有相应的接地表达：AZ 通过镀锌扁钢 40×4 与 MEB 总等电位箱相连。图 5-12 所示一层配电间布置平面图，AZ 通过 40×4 镀锌扁钢接地。

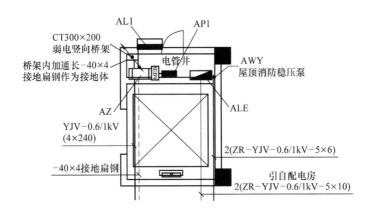

图 5-12 一层配电间布置平面图

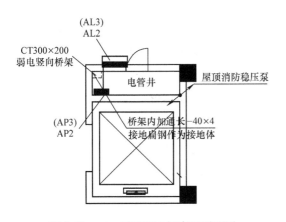

图 5-13 二～四层配电间布置平面图

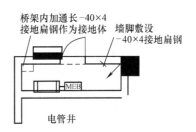

图 5-14 一层配电间接地平面图

5.3.2 动力及照明施工图

动力工程和照明工程是电气工程中最基本的工程。动力工程主要是将电源引入建筑内，为建筑内的用电单元供电，还包括向楼内的水泵、风机等主要三相设备供电；照明工程是将变配电室分配到楼内的电力通过配电箱的控制，连接到具体的末端用电设备，一般为单相用电器，如灯具、风扇等。

1. 系统图

动力及照明电气系统图集中反映动力及照明的安装容量、计算容量、配电方式、管线规格、敷设方式、断路器和计量仪表等元件的型号、规格等。一般情况下，动力系统和照明系统应分开绘制。图 5-15 所示为配电箱 AL1′配电系统图。

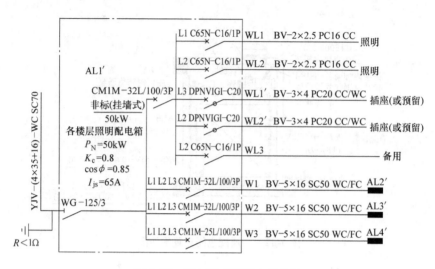

图 5-15 配电箱 AL1′配电系统图

AL1′是位于一层的挂墙式照明配电箱，同时也作为照明的总配电箱，通过放射式配电方式将电能送至 AL2′、AL3′、AL4′分配电箱，与图 5-11 所示竖向配电干线图相吻合。AL1′中 P_N（额定容量）=50kW，K_c（需要系数）=0.8，$\cos\phi$（功率因数）=0.85，I_{js}（计算电流）=65A 等为配电箱的计算参数。

电源进线电缆为 YJV-（4×35+16）-WC SC70，表示五芯铜芯交联聚乙烯绝缘聚氯乙烯护套电力电缆（其中 4 芯的单芯截面积为 35mm²，1 芯的截面积为 16mm²），穿直径 70mm 的钢管沿墙暗敷设；箱内装有 1 个隔离开关和 9 个分支断路器，其中有 2 个是带漏电保护的分支断路器。

三相电源过隔离开关 WG-125/3 后，W1～W3 为三相出线回路，为后续的分配电箱 AL2′～AL4′提供三相电源，线路上标注为 BV-5×16 SC50 WC/FC，表示 5 根截面积为 16mm² 的聚氯乙烯绝缘铜导线穿直径 50mm 的钢管，沿地或沿墙暗敷设。

三相电源过隔离开关 CM1M-32L/100/3P 后，分出 4 个单相出线回路，为后端照明或插座提供单相电源。WL1、WL2 为单相照明出线回路，线路上标注了配线及敷设方式为 BV-2×2.5 PC16 CC，表示 2 根截面积为 2.5mm² 的铜芯聚氯乙烯绝缘导线穿直径 16mm 的硬塑料管沿顶板暗敷设。WL1′、WL2′为插座回路（或预留），选用带漏电保护的断路器，线路上标注为 BV-3×4 PC20 CC/WC，表示 3 根截面积为 4mm² 的铜芯聚氯乙烯绝缘导线穿直径 20mm 的硬塑料管沿顶板及墙暗敷设。WL3 为备用回路并不接出线路。

AL1′在完成配电工作时，将引入箱内的三相电分配成多路电源供后端设备使用，分配原则是尽量保持三相平衡，使三相电的每一相所带负荷尽量均衡。图5-15中 L1、L2、L3 代表三相，每条支路的负载已经被依次分配到这三相上，以确保三相负载平衡。

2. 平面图

动力及照明电气平面图是表示建筑物内动力设备、照明设备和配电线路平面布置的图样。主要表现动力及照明线路的敷设位置、敷设方式、管线规格，同时还标出各种用电设备（照明灯具、插座、风机、水泵等）及配电设备（配电箱、控制箱、开关）的型号、数量、安装方式和相对位置。看平面图要结合系统图，找到配电箱，再找进线和出线。图 5-16 所示为厂房一层照明平面图。

（1）配电箱 AL1′　从图 5-10 所示的配电系统图和图 5-11 所示的竖向配电干线图可知 AL1′箱体电源由 AZ 引来。一层低压配电柜 AZ 引出的干线共有六条，其中五条在配电间，还有一条干线引至 AL1′。图 5-16 所示的厂房一层照明平面图画出了 AZ 和 AL1′之间的连接线：沿 B 轴方向从配电间至 12 轴、13 轴之间楼梯口附近。再结合图 5-15 所示的 AL1′配电系统图，确定此干线为 YJV—（4 × 35 + 16）—WC SC70。

（2）支线、分配电箱　从 AL1′引出 2 条支路 WL1、WL2 解决 12 轴和 14 轴之间办公室的照明，WL1 还为卫生间提供用电负荷。所有回路均采用 BV—2 × 2.5 PC16 CC，在卫生间入口处墙面还有一个上引的箭头，表示上层卫生间照明也由 AL1′提供电源。在 AL1′处尚有一上引箭头，结合图 5-15 可知，AL1′从箭头所示位置往上布设连接二、三、四层分配电箱 AL2′~ AL4′的线路。AL1′系统图中还有 WL1′、WL2′回路，在平面图中未找到对应线路，表明为预留。

（3）用电设备　图 5-16 中 12 轴和 14 轴办公室之间有两种灯具，两级开关 4 个，单级开关 1 个，轴流风扇 2 个。在看照明支路时要注意，平面图上的多根导线会在连接线上加数字标注。

（4）配电箱 AL1　负责车间照明，其出线回路 WL1 ~ WL5 应与 AL1 系统图作对照，其平面线路敷设的识读与 AL1′相同。

5.3.3　防雷接地施工图

防雷工程图主要描述防雷装置的结构、形式、布设位置以及防雷等级。接地工程图主要描述建筑物内电气接地系统的构成、接地装置的布置及技术要求。由于

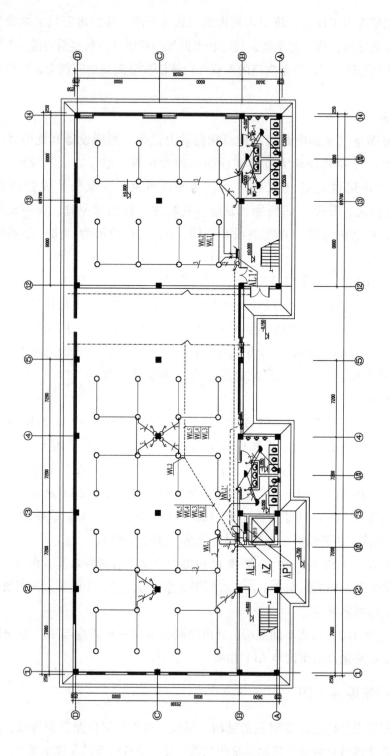

图 5-16 厂房一层照明平面图

防雷系统也需做接地装置，一般会将防雷系统与接地系统合并绘制在屋顶的防雷平面图中，再辅以文字说明。

一个完整的建筑防雷系统包括接闪器、引下线、接地装置。厂房屋顶防雷平面图（见图 5-17）和设计说明中表述了接闪器、引下线、接地装置的布设位置、做法、材料型号。某厂房建筑物防雷接地设计说明如下，包括建筑物防雷和接地及安全两部分。

（1）建筑物防雷

1）该工程年平均雷击次数计算为 0.0873 次/年，防雷等级定为三类，建筑的防雷装置满足防直击雷、防雷电感应及雷电波的侵入，并设置总等电位联结。

2）接闪器：在屋顶采用 $\Phi10$ 镀锌圆钢作避雷带，屋顶避雷连接线网络不大于 $20m \times 20m$ 或 $24m \times 18m$。

3）引下线：利用建筑物钢筋混凝土柱子内两根 $\Phi16$ 或四根 $\Phi12$ 以上主筋通长焊接作为引下线，间距不大于 25m，引上端与避雷带焊接，下端与基础接地连接。

4）接地：利用建筑物基础接地。

5）建筑物四角的外墙引下线在距室外地坪 0.5m 处设置测试点。

6）凡突出屋面的所有金属构件，均应与屋顶避雷带可靠焊接。

7）室外接地凡焊接处均应刷沥青防腐。

（2）接地及安全

1）该工程防雷接地、电气设备的保护接地、弱电设备等的接地共用统一接地极，要求接地电阻不大于 1Ω，实测不满足要求时，增设人工接地极。

2）垂直敷设的金属管道及金属物的底端及顶端应与防雷装置连接。金属管道应可靠接地。

3）凡正常不带电，而当绝缘破坏有可能呈现电压的一切电气设备金属外壳均应可靠接地。

4）该工程采用总等电位联结，总等电位板（MEB）由纯铜板制成，应将建筑物内保护干线、设备进线总管、建筑物金属构件进行联结，总等电位连接线采用 -40×4。

5）过电压保护：电源进线处装设电涌保护器（SPD）。

6）低压系统接地形式采用 TN – C – S 接地系统。

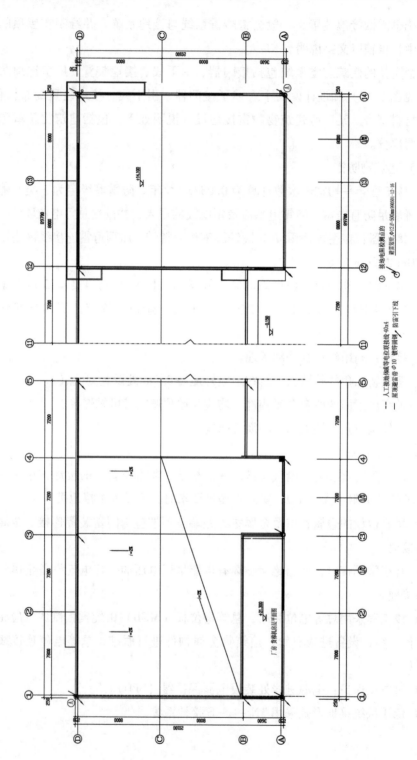

图 5-17 厂房屋顶防雷平面图

本 章 小 结

1. 本章介绍了建筑电气施工图识读的基础知识和识读方法，并结合某厂房工程的电气施工图范例进行了建筑电气施工图识读示范，包括变配电、动力及照明、防雷和接地的识读。

2. 电气施工图是用特定的图形符号、线条等表示系统或设备中各部分之间相互关系及其连接关系的一种简图。为说明配电关系，将系统中所有管线、设备抽出，表达其相互关系时需要电气系统图；为说明系统回路管线在各楼层中的水平布设走向和电气设备的具体安装位置时需要平面布置图；为说明设备工作原理时需要控制原理图；为表示元件连接关系时需要安装接线图；为说明设备、材料的特性、参数时需要设备材料表等。这些图样各自的用途不同，但相互之间是有联系并协调一致的。在识读时应根据需要，将各图样结合起来识读，以达到对整个工程的全面了解。

3. 识图时应注意了解供电电源的来源及引入方式；明确各配电支路的相序、路径、管线敷设部位、敷设方式以及线缆类型和规格；明确电气设备、器件的平面安装位置。熟悉建筑电气施工图常用图例，有助于实现快速准确地识读。

第6章 智能建筑系统施工图的识读

教 学 要 求

➢ 了解智能建筑的定义及主要功能。

➢ 能读懂有线电视系统、电话系统施工图。

➢ 了解火灾自动报警与消防联动控制系统的组成及功能。

➢ 能读懂火灾自动报警与消防联动控制系统施工图。

➢ 能举一反三读懂扩声与背景音乐系统、安全防范系统及综合布线系统等弱电系统专业施工图。

　　GB/T 50314—2006《智能建筑设计标准》对智能建筑定义如下：智能建筑是以建筑为平台，兼备信息设施系统、信息化应用系统、建筑设备管理系统，集结构、系统、服务、管理及其优化组合为一体，向人们提供安全、高效、便捷、节能、环保、健康的建筑环境。智能建筑系统主要包括火灾自动报警及消防联动系统、有线电视系统、电话通信系统、扩声与背景音乐系统、安全防范系统等。

6.1　智能建筑系统概述

6.1.1　智能建筑的主要功能

　　智能建筑具有如下功能：

　　1）信息处理功能，而且信息的范围不只局限于建筑物内部，还应能够在城市、地区或国家间进行。

　　2）能对建筑物内照明、电力、空调、防灾、防盗和运输设备等进行综合自动控制，使其能够充分发挥效力。

　　3）能够实现各种设备运行状态监视和统计记录的设备管理自动化，并实现以安全状态监视为中心的防灾自动化。

　　4）建筑物应具有充分的适应性和可扩展性，它的所有功能应能随着技术进步和社会需要而发展。

6.1.2 智能建筑的组成

智能建筑系统的组成如图 6-1 所示。

1. 智能化集成系统

智能化集成系统是将不同功能的建筑智能化系统，通过统一的信息平台实现集成，以形成具有信息汇集、资源共享及优化管理等综合功能的系统。

2. 信息设施系统

信息设施系统可以确保建筑物与外部信息通信网的互联及信息畅通，它将对语音、数据、图像和多媒体等各类信息进行

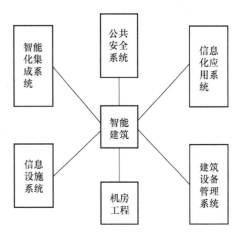

图 6-1 智能建筑系统的组成

接收、交换、传输、存储、检索和显示的多种类信息设备系统加以组合，是提供实现建筑物业务及管理等应用功能的信息通信基础设施。

3. 信息化应用系统

信息化应用系统是以建筑物信息设施系统和建筑设备管理系统等为基础，为满足建筑物各类业务和管理功能的多种类信息设备与应用软件而组合的系统。

4. 建筑设备管理系统

建筑设备管理系统是对建筑设备监控系统和公共安全系统等实施综合管理的系统。

5. 公共安全系统

公共安全系统是为维护公共安全，综合运用现代科学技术，以应对危害社会安全的各类突发事件而构建的技术防范系统或保障体系。

6. 机房工程

机房工程为智能化系统的设备和装置等提供安装条件，确保各系统安全、稳定和可靠地运行与维护的建筑环境综合工程。

智能建筑系统主要包括综合布线系统、有线电视系统和火灾自动报警系统等常用系统。在识图过程中，一般首先阅读图样目录、设计施工说明、设备材料表和图例等文字叙述较多的图样，了解本套设计图样的基本情况、工程各系统大致概况、主要设备材料情况以及设备材料图例表达方式等，然后进入具体识图过程。

6.2 有线电视系统施工图识读方法及示例

1. 有线电视系统图例符号

有线电视系统又称 CATV 系统，它由前端装置、传输分配网络及用户终端构成。前端装置负责对信号源（包括卫星信号、有线台或自办节目）进行技术处理，将它们合成在一起，混合为一路对后端输出。传输分配网络的作用是将有线电视信号通过传输干线传输到区域分配网络，再传输到用户终端，传输介质采用同轴电缆，为保证信号强度，传输过程中要使用放大器、均衡器等设备。用户终端即电视插座，为有线电视网和电视机的连接提供接口。

有线电视系统常用图例见表 6-1。

表 6-1 有线电视系统常用图例

图　例	名　称	图　例	名　称
	放大器一般符号		TV - 电视用户插座
	延长放大器		二分支器
	用户放大器		四分支器
	两分配器		六分支器
	三分配器		终端电阻
FX	集中分线盒	DMT	多媒体箱

2. 有线电视系统图

图 6-2 所示为有线电视系统图。图 6-3 所示为多媒体箱系统图。

进户电缆使用同轴电缆 SYGFV – 75 – 9SC40 钢管由电视器件总箱引来。其他电缆符号含义如下：SYV 是有线电视同轴电缆的型号；SYKV 中的 K 表示空心，即塑料多孔同轴电缆；SYWV 中的 W 表示物理发泡，是现在最常见的一种有线电视电缆；SYGFV 是物理高发泡同轴射频电缆。75 为电缆特性阻抗，9 为电缆线径。进户电缆接入首层信号分配器，引自插座的电源也接入信号分配器中。为了避免电视信号支路之间的串扰，每层均从信号分配器引出两路分支 SYGFV – 75 – 5（一梯两户，左右对称），穿管径 40mm 的硬塑料管沿墙暗敷设进入每层的集中分线盒，再经分线盒穿管径 20mm 的硬塑料管进入每户的多媒体箱，户多媒体箱均分出两路管径 20mm 的硬塑料管（见图 6-3 多媒体箱系统图）至用户的 2 个终端。

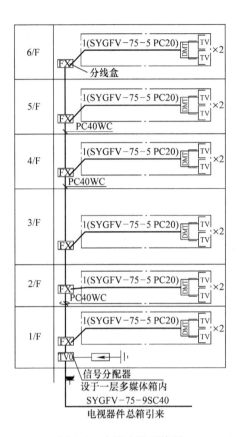

图 6-2　有线电视系统图

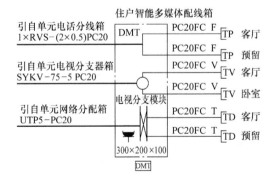

图 6-3　多媒体箱系统图

3. 有线电视平面图

图 6-4 为一层弱电平面图，图 6-5 为二～六层弱电平面图。

　　图6-4所示一层弱电平面图中有线电视电缆由室外弱电手孔引入楼梯入口处的集中多媒体箱，结合图6-2所示有线电视系统图可知，信号分配器位于集中多媒体箱内。在楼梯间隔墙上有一集中分线盒，其旁边有一个上引的箭头，即从信号分配器分出的分支电缆均进入集中分线盒，竖直敷设至各层。

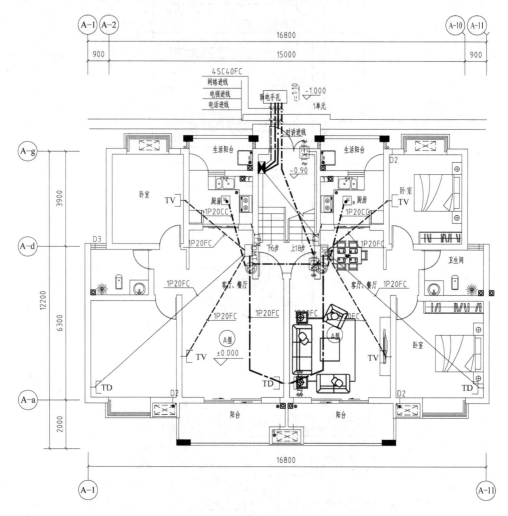

图6-4　一层弱电平面图

　　从图6-5所示二～六层弱电平面图中可以看到每户电视布线情况。每户入口处均设置有户内多媒体箱。楼梯间集中分线盒的电缆接入户内多媒体箱。从户内多媒体箱引出两条支路连接到卧室和餐厅的电视用户插座。

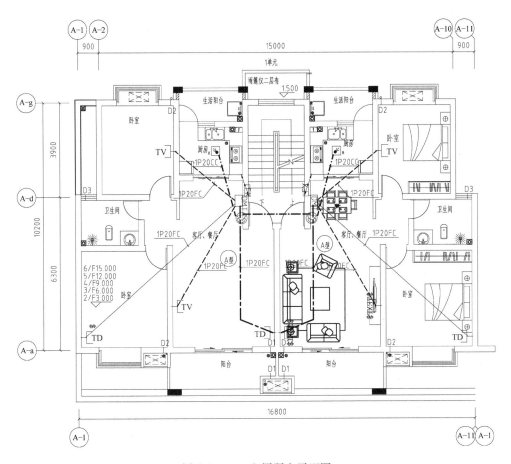

图 6-5 二~六层弱电平面图

6.3 电话系统施工图识读方法及示例

1. 常用电话系统图例符号

电话系统已经成为现代建筑必备的组成部分。电话信号的传输与电力传输最显著的区别是，电力传输的电源可以分出多条支路，同时提供给多个用户使用，而电话信号是独立的，两部电话之间必须有独立的连接链路，每条电话线路需要两条导线。电话线都是成对制作的，为减少干扰，长距离的电话线路使用 RVS 双绞线，短距离的线路可使用 RVB 扁平线。

电话信号传输的过程是：

电话机 A → 电话交换机 A → 电话局 A → 电话局 B → 电话交换机 B → 电话机 B

电话机是电话信号的信号源，也是信号的接收终端，电话交换机和电话局负责中间信号的交换。远距离的信号传输使用大对数电缆，建筑内的电话系统干线使用电话电缆，支线使用双绞线。

常用的电话系统图例符号见表6-2。

表6-2　常用的电话系统图例符号

图　例	名　　称	图　例	名　　称
	架空交接箱		室内分线盒
	落地交接箱		室外分线盒
	壁龛交接线		TP－电话出线口

2. 电话系统图

图6-6所示为电话系统图。进户线从室外引入一层的电话分线箱，线路标注为 HYA－30（2×0.5）SC40－FC，表示对数为30对的电话电缆，穿管径40mm的钢管埋地入户。每层均通过一层的电话分线箱分出两路支线（一梯两户，左右对称），支线使用截面积2×0.5mm^{2}的RVS双绞线，均穿管径40mm的硬塑料管沿墙暗敷设进入每层的集中分线盒，再经集中分线盒穿管径20mm的硬塑料管进入每户的多媒体箱，最后由户内多媒体箱引出一路管径20mm的硬塑料管至用户客厅电话插座。

3. 电话平面图

图6-4所示一层弱电平面图中，电话电缆同电视系统一样，由室外弱电手孔引入楼梯入口处的集中多媒体箱，因此电话分线箱也同样位于集中多媒体箱内。集中多媒体箱内→集中分线盒→户内多媒体箱，再经户内多媒体箱出线到客厅电话插座。

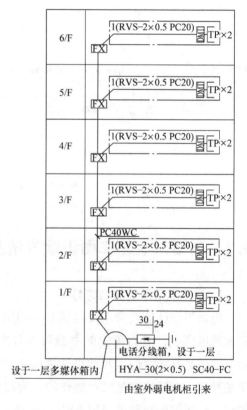

图6-6　电话系统图

6.4　火灾自动报警与消防联动控制系统识读方法及示例

火灾自动报警与消防联动控制作为一种火灾防范技术，是现代消防工程的主要内容，其功能是自动监测区域内火灾发生时的热、光和烟雾，从而发出声光报警并联动其他设备的输出接点，控制自动灭火系统、紧急广播、事故照明、电梯、消防给水和排烟系统等，实现监测、报警和灭火自动化。

6.4.1　火灾自动报警及消防联动控制系统的工作原理

火灾初期，一般会产生烟雾、高温、火光及可燃气体，火灾探测器里的敏感元件探测到各种火灾参数后，将其转换成电信号通过传输路线送达火灾报警控制器。火灾报警控制器对监控现场探测到的火灾信号进行分析、判断、确认并输出外控接点动作，按程序对各消防联动设备进行启动、关停等操作，如发出声、光报警信号进行人员疏散；打开消防广播；接通消防电话通知消防部门；起动消防泵、喷淋泵；操作防火门、防火卷帘；启闭相应的排烟机、送风机等。该系统能够自动（也可手动）发现火情并及时报警以控制火灾的发展，将火灾的损失减小到最低限度。火灾自动报警与消防联动控制系统的工作原理如图 6-7 所示。

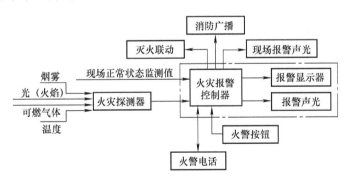

图 6-7　火灾自动报警与消防联动控制系统的工作原理

6.4.2　火灾自动报警及消防联动控制系统的构成

火灾自动报警与消防联动控制系统的构成可直观地表示，如图 6-8 所示。

1. 火灾报警控制器

火灾报警控制器是火灾自动报警与消防联动控制系统的核心，它的功能主要是向火灾探测器提供高稳定度的直流电源；监视连接各火灾探测器的传输导线有

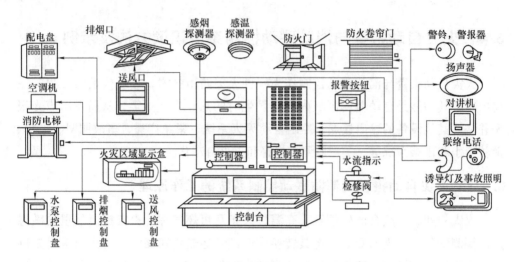

图6-8　火灾自动报警与消防联动控制系统构成

无故障；接收显示及传递火灾探测器发出的火灾报警信号，迅速正确地进行控制转换和处理，以声、光等形式指示火灾发生位置，进而发送消防联动设备的启动控制信号。火灾报警控制器可单独作火灾自动报警用，也可与自动防灾及灭火系统联动，组成自动报警联动控制系统。

火灾报警控制器按控制范围分为区域火灾报警控制器、集中火灾报警控制器、通用火灾报警控制器三类。

（1）区域火灾报警控制器　该控制器直接连接火灾探测器，处理各种报警信息，可以在一定区域内组成独立的火灾报警系统，也可以与集中报警控制器连接起来，组成大型火灾报警系统，并作为集中报警控制器的一个子系统。

（2）集中火灾报警控制器　该控制器一般不与火灾探测器相连，而与区域火灾报警控制器相连，处理区域级火灾报警控制器送来的报警信号，常使用在较大型的系统中。

（3）通用火灾报警控制器　该控制器兼有区域、集中两级火灾报警控制器的双重特点，通过设置或修改某些参数（可以是硬件或者是软件方面），既可作区域级使用，连接控制器，又可作集中级使用，连接区域火灾报警控制器。

火灾报警控制器有壁挂式、台式、立柜式三种结构形式。

（1）壁挂式　壁挂式火灾报警控制器连接探测器回路相应少一些，控制功能较简单，区域火灾报警控制器多采用这种形式。

（2）台式　台式火灾报警控制器连接探测器回路数较多，联动控制较复杂，使用操作方便，集中火灾报警控制器常采用这种形式。

（3）立柜式　立柜式火灾报警控制器可实现多回路连接，具有复杂的联动控制，集中火灾报警控制器属此类型。

火灾报警控制器按系统布线分为多线制和总线制两种。

（1）多线制　探测器与控制器的连接采用一一对应的方式。每个探测器至少有一根线与控制器连接，有五线制、四线制、三线制、两线制等形式，但连线较多，仅适用于小型火灾自动报警系统。

（2）总线制　控制器与探测器采用总线方式连接，所有探测器均并联或串联在总线上，一般总线有二总线、三总线、四总线。总线制中，控制器与探测器之间的连接导线大大减少，给安装、使用及调试带来较大方便，适于大、中型火灾报警系统。

2. 火灾探测器

火灾探测器是火灾自动报警与消防联动控制系统的感测部分。火灾探测器的类型有感烟型、感温型、感光型、可燃气体探测式和复合式等。

（1）感烟火灾探测器　凡是要求火灾损失小的重要地点，类似在火灾初期有阴燃阶段及产生大量的烟和小量的热，很少或没有火焰辐射的火灾，如棉、麻植物的引燃等，都适于选用。

（2）感温火灾探测器　一种对警戒范围内的温度进行监测的探测器，特别适用于经常存在大量粉尘、烟雾、水蒸气的场所及相对湿度经常高于 95% 的房间（如厨房、锅炉房、发电机房、烘干车间和吸烟室等），但不适用于有可能产生阴燃火的场所。

（3）感光（火焰）火灾探测器　感光火灾探测器不受气流扰动的影响，是一种可以在室外使用的火灾探测器，可以对火焰辐射出的红外线、紫外线、可见光予以响应。

（4）可燃气体探测器　可燃气体探测器利用对可燃气体敏感的元件来探测可燃气体的含量。

以上介绍的探测器均为点型，对于无遮挡大空间的库房、飞机库、纪念馆、档案馆、博物馆等，隧道工程；变电站、发电站等，古建筑、文物保护的厅堂馆所等，则需要采用红外线型感烟探测器进行保护。

3. 火灾报警设备

（1）消火栓报警按钮　它是消火栓灭火系统中的主要报警元件。按钮内部有一组常开触点、一组常闭触点及一个指示灯。按钮表面为薄玻璃或半硬塑料片。火灾时打碎按钮表面玻璃或用力压下塑料面，按钮即可工作，向消防控制室发出报警信号，并起动消防泵。

（2）手动报警按钮　它与火灾报警控制器相连，用于手动报警。

4. 消防联动控制系统

对于大型建筑物除要求装设火灾自动报警系统外，还要求设置消防联动系统，用以对消防水泵、送排风机、防排烟机、防火卷帘、防火阀、电梯等进行控制。

（1）消防泵和喷淋泵的联动控制　当城市公用管网的水压或流量不够时，应设置消火栓用消防泵、喷淋用喷淋泵。每个消火栓箱都配有消火栓报警按钮。当消火栓按钮被按下或探测器发送信号，火灾报警控制器可判断并起动消防泵或喷淋泵。图6-9所示为消火栓设备启动流程图。

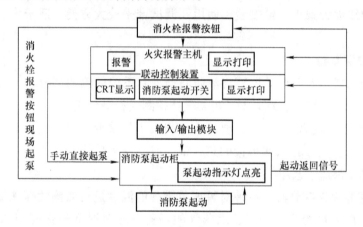

图6-9　消火栓设备启动流程图

（2）防排烟设备的联动控制　由空调控制的送风管道中安装有防烟防火阀，在火灾时能自动关闭，停止送风；在回风管道回风口处安装的防烟防火阀也应在火灾时自动关闭。防排烟系统中的排烟防火阀平时关闭，当火灾发生时接受火灾报警控制器的指令打开。图6-10所示为防排烟系统控制示意图。防烟防火阀和排烟防火阀一般安装在建筑物的过道、防烟前室或无窗房间的防排烟系统中，用作正压送风口或排烟口。

（3）防火门及防火卷帘的联动控制　防火门无火灾时处于开启状态，火灾时关闭。防火卷帘设置在建筑物中防火分区通道口处，可形成门帘或防火分隔。发生火灾时，可根据消防控制室、探测器的指令或就地手动操作使卷帘下降至一定点，水幕同步供水（复合型卷帘可不设水幕），接受降落信号后先一步放下，经延时后再二步落地，以达到人员紧急疏散、灾区隔烟、隔火、控制火灾蔓延的目的。

5. 声光报警器和火警电话装置

当发生火情时，声光报警器能发出声和光报警。为了适应消防通信需要，应设置独立的消防通信网络系统，包括消防控制室、消防值班室等处装设向公安消

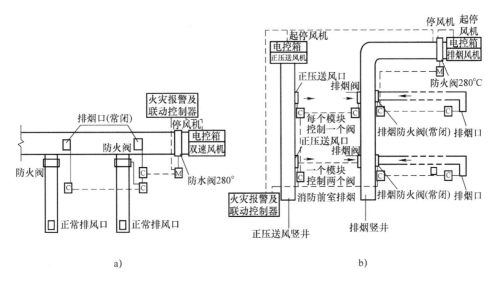

图 6-10　防排烟系统控制示意图

a）双速风机排风排烟系统　b）防排烟系统

防部门直接报警的外线电话，以及通常与手动报警按钮设置在一起的消防电话插孔。

6. 火灾紧急广播

火灾紧急广播是便于组织人员的安全疏散和通知有关救灾的事项。在公共场所，平时可与公共广播合用提供背景音乐，火灾时供消防用。

7. 火灾事故照明

火灾事故照明包括火灾事故工作照明及火灾事故疏散指示照明。

8. 火灾自动报警系统的配套设备

（1）地址码中继器　如果一个区域内的探测器数量过多致使地址点不够用时，可使用地址码中继器来解决。当其中的任意一个探测器报警故障时，都会在报警控制器中显示，但所显示的地址是地址码中继器的地址点，所以这些探测器应该监控同一个空间。

（2）编址模块　地址输入模块是将各种消防输入设备（如水流指示器、压力开关等）的开关信号接入探测总线，从而实现报警或控制。编址输入/输出模块是将火灾报警控制器发出的动作指令通过继电器控制现场设备（如排烟防火阀、防烟防火阀、喷淋泵等被动型设备）来实现，同时也将动作完成情况传回火灾报警控制器。

（3）短路隔离器　短路隔离器用在传输总线上，其作用是当系统的某个分支短路时，能自动使其两端呈高阻或开路状态，使之与整个系统隔离开。

（4）区域显示器 区域显示器是一种可以安装在楼层或独立防火区内的火灾报警显示装置，用于显示来自报警控制器的火警及故障信息。

（5）报警门灯及引导灯 报警门灯一般安装在巡视观察方便的地方，如会议室、餐厅、房间及每层楼的门上端，可与对应的探测器并联使用，并与该探测器的编码一致。

（6）CRT 报警显示系统 CRT 报警显示系统是把所有与消防系统有关的平面图形及报警区域和报警点存入计算机内，火灾发生时能在显示屏上自动用声、光显示火灾部位及报警类型、发生时间等，并用打印机自动打印。

9. 消防系统线路敷设

火灾自动报警系统的传输线路和 50V 以下供电的控制线路应采用电压等级不低于交流 250V 的铜芯绝缘导线或铜芯电缆，采用交流 220/380V 的供电和控制线路应采用电压等级不低于交流 500V 的铜芯绝缘导线或铜芯电缆。

火灾自动报警系统的传输线路应采用穿金属管、经阻燃处理的硬质塑料管或封闭式线槽保护方式布线。

综上所述，火灾自动报警与消防联动控制系统主要由火灾探测器、火灾报警控制器、消防联动设备、消防广播机柜和直通对讲电话五部分组成，另可配备 CRT 显示器和打印机，火灾自动报警与消防联动控制系统框架如图 6-11 所示。

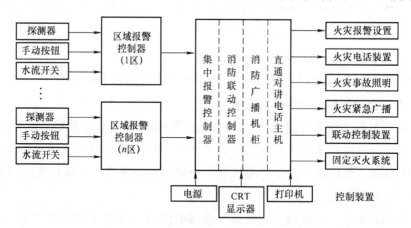

图 6-11　火灾自动报警与消防联动控制系统框架

6.4.3　火灾自动报警及消防联动控制系统施工图图例

火灾自动报警及消防联动控制系统施工图图例见表 6-3。

表6-3　火灾自动报警及消防联动控制系统施工图图例

图　例	名　称	图　例	名　称
	感烟探测器		感光探测器
	可燃气体探测器（点式）		感温探测器
CT	缆式线型定温探测器		点型复合式感烟感温探测器
	点型复合式感光感温探测器		点型复合式感光感烟探测器
	线型差定温火灾探测器		线型光束感烟探测器（发射部分）
	线型光束感烟探测器（接收部分）		线型光束感烟感温探测器（发射部分）
	线型光束感烟感温探测器（接收部分）		线型可燃气体探测器
	手动报警按钮		消火栓起泵按钮
	水流指示器	P	压力开关
	带监视信号的检修阀		信号阀
	防火阀（风管平面图用）		防火阀（70℃熔断关闭）
	防烟防火阀（24V 控制 70℃熔断关闭）		防火阀（280℃熔断关闭）
	防烟防火阀（24V 控制 280℃熔断关闭）		正压送风口
SE	排烟口		火灾报警电话机（对讲电话机）
	警报发声器		火灾光警报
	火灾电话插孔（对讲电话插孔）		火灾警铃
	带手动报警按钮的火灾电话插孔		声光警报器
	火灾警报扬声器	★	火灾报警控制器

6.4.4　火灾自动报警及消防联动控制系统施工图识读示例

1. 火灾自动报警系统工程说明

某公司生产基地厂房工程，火灾类别设计为丙类，火灾自动报警控制系统图如图6-12所示，某厂房一层火灾报警平面图如图6-13所示。

（1）保护等级　该工程火灾自动报警系统的保护等级按二级设置，消防控制室设在该厂区1号科研办公楼一层，整个厂区共用。

（2）系统组成　火灾自动报警系统、消防联动控制系统、消防直通对讲电话系统。

（3）消防控制室

1）消防控制室设在该厂区1号科研办公室一层，有直通室外的出口。

2）消防控制室的报警控制设备由火灾报警控制主机、消防直通对讲设备和电源设备等组成。

3）消防控制室可接收感烟、感温等探测器的火灾报警信号、手动报警按钮的动作信号。

（4）火灾自动报警系统

1）该工程采用集中报警控制系统，消防自动报警系统按二总线设计。设置隔离模块缩小线路故障范围。

2）探测器：一般场所设置感烟探测器，具体位置详见图6-13所示的某厂房一层火灾报警平面图。可能散发可燃气体、可燃蒸汽的场所应设置可燃气体探测器。

3）探测器与灯具的水平净距应大于0.2m；与送风口边的水平净距应大于1.5m；与多孔送风顶棚孔口或条形送风口的水平净距应大于0.5m；与嵌入式扬声器的水平净距应大于0.1m；与自动喷淋头的水平净距应大于0.3m；与墙或其他遮挡物的距离应大于0.5m。

4）在该楼适当位置设手动报警按钮及消防对讲电话插孔。手动报警按钮及对讲电话插孔底距地1.5m。

5）在各层楼梯间及疏散楼梯前室走道侧，设置火灾声光报警显示装置，距地2.2m。

（5）消防联动控制系统　火灾发生时，通过火灾报警系统输出模块控制着火楼层非消防电源配电箱进线断路器的分励脱扣器，使其被切除。并联动启动应急电源柜。输出模块与切换模块配合使用，达到对交流分励脱扣器的控制。

（6）消防直通对讲电话系统　在消防控制室内设置消防直通对讲电话总机，除在各层的手动报警按钮处设置消防直通对讲电话插孔外，在变配电室、水泵房设置消防直通对讲电话分机，专用对讲电话分机距地1.5m。

（7）电源及接地

1）消防控制室设备设置EPS作为备用电源。

2）消防系统接地利用大楼综合接地装置作为其接地极，设独立引下线，引下线采用 BV – $1 \times 25mm^2$ PC40。要求其综合接地电阻不大于 1Ω。

（8）消防系统线路敷设要求　平面图中所有火灾自动报警线路及 50V 以下的供电线路、控制线路采用阻燃导线。消防用电设备的供电线路穿热镀锌钢管，暗敷在楼板或墙内，由顶板接线盒至消防设备的一段线路穿金属阻燃波纹管。火灾自动报警系统、联动控制线路、通信线路采用封闭防火线槽，若不敷设在线槽内，明敷管线应在金属管上涂防火涂料保护。

（9）系统成套设备　系统成套设备包括报警控制器、CRT 显示器、打印机、消防专用电话总机、对讲录音电话及电源设备等均由承包商成套供货，并负责安装、调试。

2. 火灾自动报警控制系统图

（1）系统进线　由火灾自动报警系统工程说明及图 6-12 所示的火灾自动报警控制系统图可知，从厂区 1 号科研办公楼消防控制室引来消防电话线、24V 电源线和信号线进入该厂房的接线端子箱 XFX1 中（位于一层电管井内）。

1）消防电话线 H1 标注为 ZR – RVVP – 2×1.5，含义是阻燃铜芯聚氯乙烯绝缘聚氯乙烯护套屏蔽软电缆，2 芯，每芯截面积 $1.5mm^2$。

2）信号二总线标注为 ZR – KVVP – 2×1.5，含义是阻燃铜芯聚氯乙烯绝缘聚氯乙烯护套屏蔽控制电缆，2 芯，每芯截面积 $1.5mm^2$，用于自动报警系统监测和控制信号的传输。

3）24V 电源线标注为 ZR – BV – 2×2.5，含义是阻燃铜芯聚氯乙烯绝缘导线，2 根，每根截面积 $2.5mm^2$。

（2）系统配线　从一层接线端子箱 XFX1 共引出 3 条回路出线。消防电话线 ZR – RVVP – 2×1.5 SC20、24V 电源线 ZR – BV – 2×2.5 SC20、信号二总线 ZR – RVS – 2×1.5 SC20（铜芯聚氯乙烯绝缘双绞线，双绞线每根截面积为 $1.5mm^2$，穿直径为 20mm 的钢管）。每层楼均安装一个接线端子箱。消防电话线直接从一楼接线端子箱引至每层楼的带电话插孔的手动报警按钮，同时报警按钮也与信号二总线连接，通过信号二总线向消防报警控制室传递信息。按钮旁的 3 表示该层共有 3 个带电话插孔的手动报警按钮。24V 电源线和信号二总线在每层的接线端子箱进行线路分支，每层分支后的信号二总线上装设总线隔离器。

（3）带监控模块的水流指示器和信号阀　一、二、四层楼每层 1 个，三层楼 2 个。水流指示器带有监控模块，安装在喷淋灭火给水的支干管上。火灾发生超过一定温度时，自动喷淋灭火的闭式喷头感温元件熔化或炸裂，喷头将有水喷出，则支干管产生水的流动，水流指示器的电触点闭合，通过控制模块接入信号二总线，向消防报警室传递信息，启动喷淋泵加压继续喷水灭火。

（4）探测器　每层均有可燃气体探测器和感烟探测器，感烟探测器较多。

（5）声光报警器　声光报警器的设置数量为一、二、三层楼每层 2 个，四层楼 3 个。

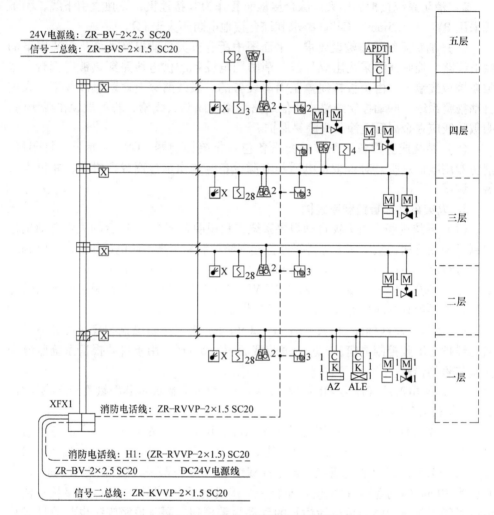

图6-12　火灾自动报警控制系统图

（6）带监控模块和控制模块的配电箱　一层楼的 AZ 低压配电柜、ALE 事故照明配电箱和四层楼的 APDT 电梯动力配电箱均带有监控模块和控制模块。

3. 火灾自动报警控制平面图

火灾自动报警控制系统的配线中，消防电话线一般与带电话插孔的手动报警按钮有连接关系；联动控制总线与控制模块所控制的设备有连接关系；主机电源总线与火灾显示盘和控制模块所控制的设备有连接关系；消火栓按钮报警控制线与消防水泵房双电源切换箱（与消防水泵连接）及消火栓按钮有连接关系。

在图6-13（见书后插页）所示的某厂房一层火灾自动报警平面图中，从厂房位于一层电管井内的接线端子箱开始向各编址设备配线。从接线端子箱共引出 3 条回路出线，其中消防电话线靠近 B 轴线水平走向，另两条是信号总线和电源线。

信号总线将该层的探测器、声光报警器、手动报警按钮、水流指示器和信号阀、AZ 低压配电柜、ALE 事故照明配电箱连接起来，电源线则解决声光报警器、带监控模块和控制模块的配电箱所需信号电源。

本 章 小 结

1. 本章介绍了建筑弱电施工图识读的基础知识和识读方法，并结合实例进行了建筑电气施工图识读示范，包括有线电视系统、电话系统、火灾自动报警及消防联动控制系统的识读。其他智能建筑系统如网络系统、广播音响系统、停车场管理系统、视频会议系统、办公自动化、物业管理系统等，其识读方法基本相同。

2. 有线电视（CATV）系统，由前端、信号传输分配网络和用户终端三部分组成，它是通信网络系统的一个子系统，一般采用同轴电缆或光缆来传输信号。

3. 电话交换系统是通信系统的主要内容之一，主要由三部分组成，即电话交换设备、传输系统和用户终端设备。

4. 火灾自动报警与消防联动控制系统主要由火灾探测器、火灾报警控制器、消防联动设备、消防广播机柜和直通对讲电话五部分组成，另可配备 CRT 显示器和打印机。

5. 智能建筑系统施工图识读需要具备一定的专业知识，对于常用图例的熟悉有助于实现快速准确的识读。

第7章 安装工程施工图识读实例

　　通过前面各章水、暖、电各专业施工图识读的学习，要求学生在掌握各专业系统组成、系统形式、施工图常用图例及表示方法等知识的基础上，多进行识图练习，灵活应用识图的基本方法，不断总结并掌握识图的技巧。

7.1　给水排水系统施工图实例

7.1.1　室内给水排水施工图识读方法

　　阅读图样前，首先应看设计说明和设备材料表，了解工程的基本情况，对照图样目录，检查图样的完整性；然后以系统图为线索深入阅读平面图、系统图及详图，阅读时，应三种图互相对照。看系统图时，先对各系统做到大致了解，再结合系统图，在平面图及详图中进行对应识读，看清管道走向及设备具体的安装部位。看给水系统图及平面图时，可由建筑物的给水引入管开始，沿水流方向经水平干管、立干管、支管到用水设备；看排水系统图及平面图时，可由排水设备开始，沿排水方向经立支管、横支管、立干管、横干管到排出管。

7.1.2　图样设计说明

　　该套图样为六层住宅楼的给排水施工图，共2个单元，建筑高度为18.6m，建筑体积约7135.6m²。

1. 给水系统

1）该工程由市政直接下行上给供水，市政给水引入管加倒流防止器见总平面图，采用水集中计量靠外墙明设。

2）该工程不设置集中供应热水系统，住宅热水由燃气热水器提供。

3）该工程支管图中卫生器具给水管径未标注者均为 $DN15$，大便器冲洗管为 $DN25$，冲洗角阀为 $DN25$。

2. 排水系统

1）排水制度：采用雨、污分流的排水制度。

2）系统：卫生间排水设有伸顶通气管。高度为非上人屋面 0.70m，上人屋面 2.00m，地漏和卫生器具存水弯的水封深度不得小于 50mm，洗衣机设置专用地漏，楼板下带存水弯。

3）空调冷凝水立管接卧室挂机冷凝水横支管标高为板下 0.25m。空调冷凝水立管接客厅柜机冷凝水横支管标高为板上 0.25m。阳台雨水和空调冷凝水合用一根立管时，立管管径为 $DN50$。

4）污水经化粪池处理后，排入市政管网；空调冷凝水及阳台雨水有组织排放。

3. 管道材料及管道附件

1）给水管采用无规共聚聚丙烯管（PPR），热熔承插连接。

2）排水管采用硬聚氯乙烯塑料排水管（UPVC），承插连接，颜色为白色。

3）给水管上的阀门，当 $DN \leqslant 50mm$ 时，采用 JIIW-10T 型铜截止阀。水表采用 LXS 型旋翼式水表。

4. 管道敷设

1）给水管在穿越楼板时设置钢套管，给水立管间距 120mm。

2）污水管和雨水管在穿越楼板时设钢套管；穿越屋面时设钢制防水套管，安装见国家建筑标准设计图集 96S406《建筑排水用硬聚氯乙烯（PVC-U）管道安装》13 页，均为 Ⅱ 型安装。

3）UPVC 塑料管的立管每层设 1 个伸缩节。排水横支管上的合流配件至立管的直线段大于 2.0m 时，应设伸缩节。伸缩节之间的最大距离不得大于 4.0m。伸缩节安装均见国家建筑标准设计图集 96S406《建筑排水用硬聚氯乙烯（PVC-U）管道安装》14 页。

4）污水管道上的三通或四通，均为 45°三通或四通、90°斜三通或四通；出户管及立管底部转弯处采用 45°弯头相连，且立管底部弯管处应设支墩。选用带水封的地漏及卫生洁具存水弯的水封深度不小于 50mm。

5）污水立管和雨水管上的检查口中心距离地面 1.00m。

6）所有预埋、预留套管和管道及孔洞，应紧密配合土建施工进行，避免事后敲打。

5. 其他

塑料管外径与公称直径对照表见表 7-1。该工程选用的标准图集见表 7-2。

表 7-1　塑料管外径与公称直径对照表

公称直径	DN15	DN20	DN25	DN32	DN40	DN50	DN65	DN80	DN100	DN150
外径	De20	De25	De32	De40	De50	De63	De75	De90	De110	De160

表 7-2　本工程选用的标准图集

名　　称	图集图号
卫生洁具安装	09S304（第 22、38、62、103、118 页）
给水塑料管 PPR 安装	02SS405-2
排水硬聚氯乙烯（PVC-U）管道安装	96S406（第 5、13、14、16、21 页）
给水管柔性防水套管	02S404
室内管道支、吊架的制作安装	03S402
硬聚氯乙烯排水塑料管阻火圈安装	川 98S302（A 型）
雨水斗	01S302

7.1.3　实例施工图

图 7-1～图 7-20 为该工程给水排水系统施工图。

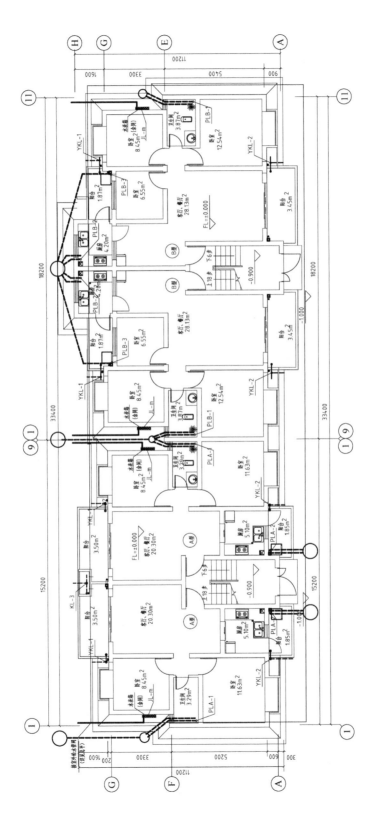

图 7-1　一层给水排水平面图

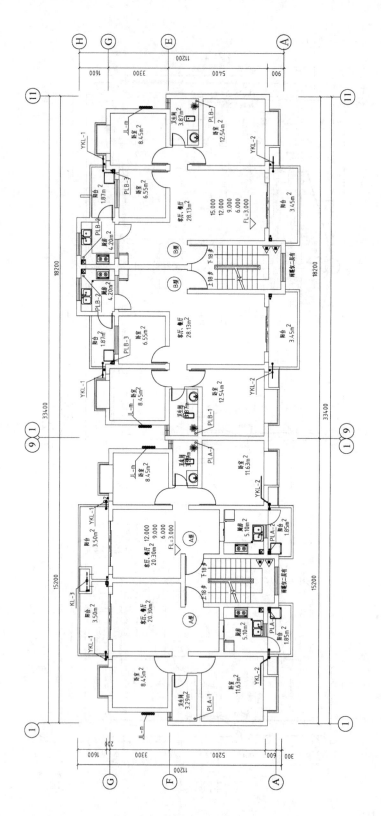

图 7-2 标准层给排水平面图

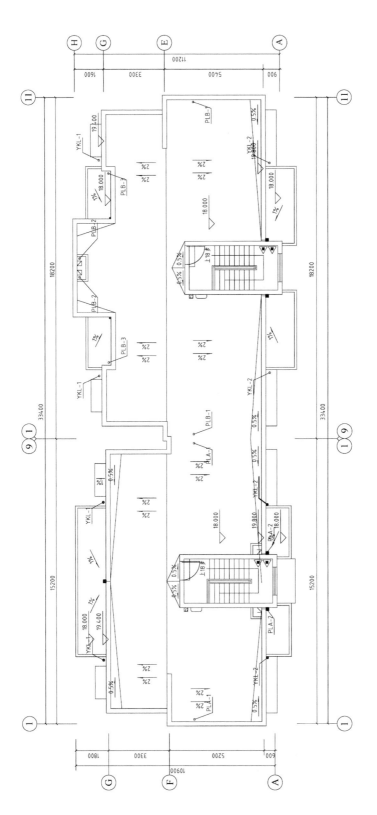

图 7-3 楼梯出屋面给水排水平面图

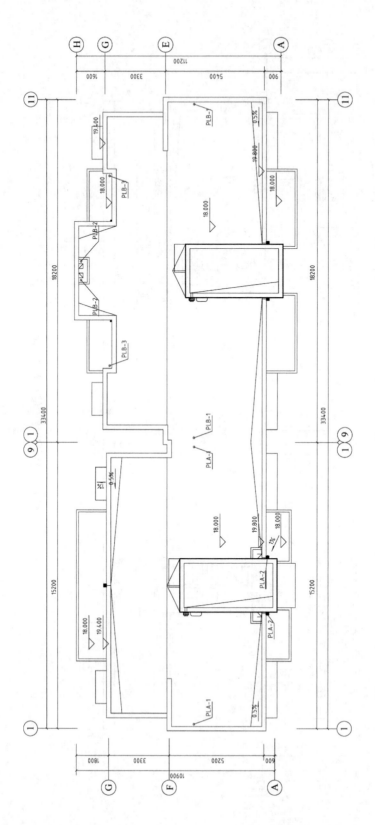

图 7-4 屋顶给水排水平面图

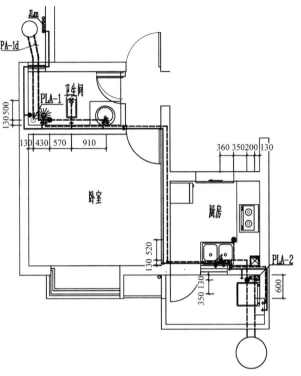

图 7-5　A 户型底层厨、卫间大样图

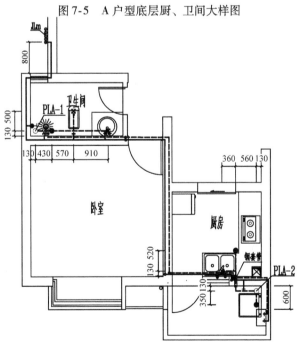

图 7-6　A 户型标准层厨、卫间大样图

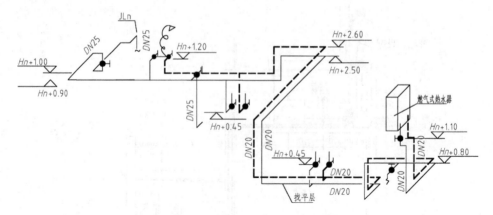

图 7-7　A 户型厨、卫间给水支管图

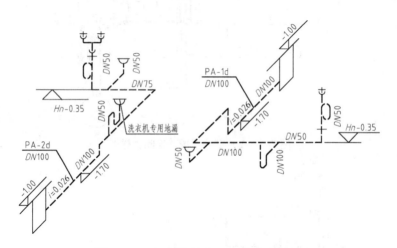

图 7-8　A 户型底层厨、卫间排水支管图

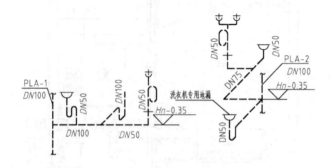

图 7-9　A 户型标准层厨、卫间排水支管图

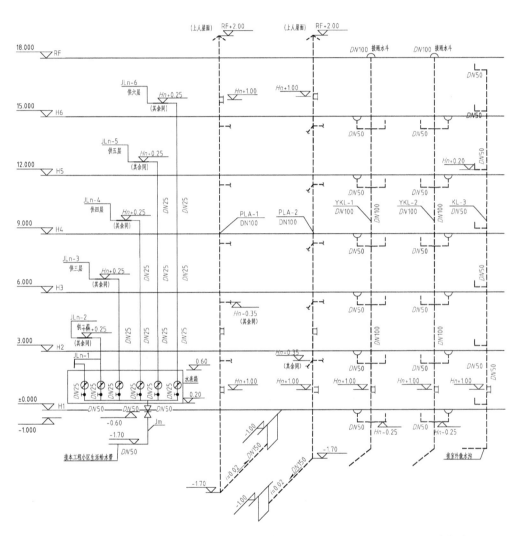

图 7-10　A 户型给水
系统图

图 7-11　A 户型排水
系统图

图 7-12　A 户型空调冷凝水、
阳台雨水系统图

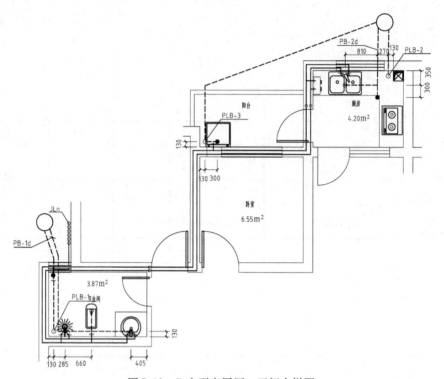

图7-13 B户型底层厨、卫间大样图

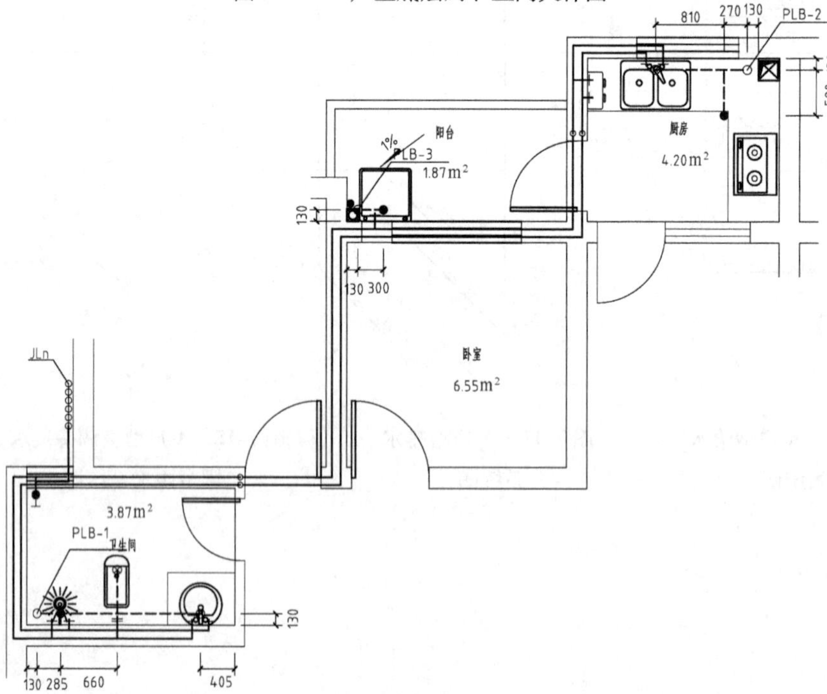

图7-14 B户型标准层厨、卫间大样图

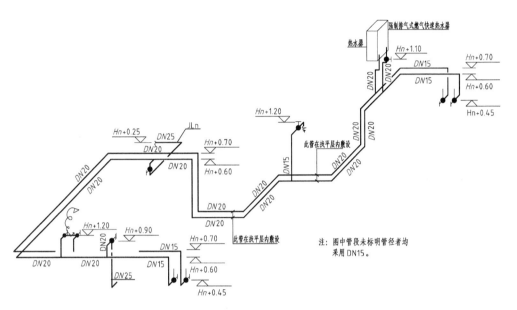

图 7-15 B 户型厨、卫间给水支管图

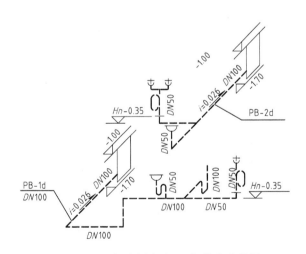

图 7-16 B 户型底层厨、卫间排水支管图

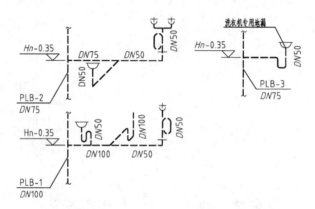

图 7-17　B 户型标准层厨、卫间排水支管图

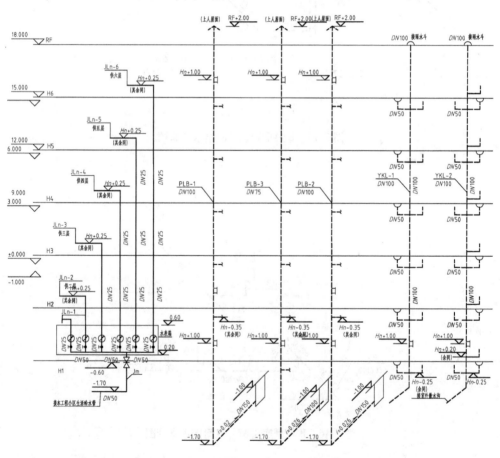

图 7-18　B 户型给水
　　系统图

图 7-19　B 户型排水
　　系统图

图 7-20　B 户型空调冷凝水、
　　阳台雨水系统图

7.2　通风空调系统施工图实例

7.2.1　通风空调系统施工图识读方法

通风空调系统施工图比给水排水系统施工图复杂，识读时要把握风系统与水系统的独立性和完整性。识读时要搞清系统，摸清环路，系统阅读。在了解工程概况的基础上，根据图样目录找出反映通风空调系统布置、空调机房布置、冷冻机房布置的平面图，从总平面图开始阅读，然后阅读其他平面图。还应该根据平面图上提示的辅助图样（如剖面图、详图）进行阅读。在读懂整个系统的前提下，再回头阅读施工说明及设备材料明细表，了解系统的设备安装情况、零部件加工安装详图，从而把握图样的全部内容。

7.2.2　图样设计说明

该工程为高层公共建筑，建筑地面以上总高度为 46m，地上共 12 层，为 KTV 包间和客房。地下 1 层，为汽车库、游泳池、桑拿间和设备用房。

1. 设计内容

1）大楼中央空调系统设计。

2）大楼通风系统设计。

3）大楼防、排烟系统设计。

4）本次设计中不包括需作二装设计的部分和厨房工艺设计及局部排油烟通风系统。

2. 冷热源

冷源采用水冷螺杆式冷水机组，供回水温度 7/12℃。热源为给水排水专业提供的供回水温度 95/70℃锅炉热水，通过板式换热器热交换得到 60/55℃的空调热水，冬夏季管路在分水器、空调循环水泵出口处切换。

3. 系统形式及控制方式

1）空调水系统为一次泵变流量两管制闭式循环系统，膨胀水箱在客房楼屋顶，位于系统最高点。冷却塔位于本工程旁附属楼屋顶。空调水处理采用的是综合水处理仪。

2）空调为风机盘管加独立新风。游泳池和门厅的送风形式采用的是鼓型喷口侧送顶回的送风形式，其余的全空气系统采用的方形散流器顶送顶回的送风方式，全空气系统在回风段或混风段设电子空气处理仪。

4. 大楼通风系统设计

1）地下室桑拿房设机械送排风系统，通风量按 5 次/h 计算。

2）地下设备用房设机械通风系统以消除室内余热余湿保证设备用房必要的工作条件。通风量：低压配电房 15 次/时，高压配电房、冷冻机房 8 次/时，泵房等设备用房 5 次/时。

3）热水锅炉房、柴油发电机房及储油间设机械排风系统（排风系统在火灾后兼作事故排风系统），其通风量按 12 次/h 计算。

4）柴油发电机房采用自然进风，柴油发电机自带排风扇进行机械排风方式，消除发电机散热及满足燃烧耗氧需要。柴油发电机的高温烟气管经保温后由专用井道高空排放。

5）卫生间设机械通风，排风量按 15 次/h 计算。

6）客房楼布草间、电梯机房均设机械排风，排风量按 15 次/h 计算。

5. 大楼防、排烟系统设计

（1）排烟系统　地下车库按防烟分区设置机械排烟系统，汽车库的排烟量按 6 次/h 计算，排烟系统与排风系统共用管道系统，排烟风机采用双速低噪声轴流风机。火灾发生时通过消防控制中心进行转换，将平时的排风系统转换为排烟系统。地下室设备用房长度超过 20m 的走道设机械排烟系统，排烟量按 $60m^3/(m^2 \cdot h)$ 计算。地下桑拿房共设三个防烟分区，排烟量按最大防烟分区 $120m^3/(m^2 \cdot h)$ 计算机械补风。地上房间或内走道采用自然排烟。

（2）建筑安全疏散通道防、排烟系统设计　对于可以采用自然防烟的防烟楼梯间保证每 5 层的开窗面积不小于 $2m^2$，防烟楼梯间前室可开启的外窗面积不小于 $2m^2$。地下室的防烟楼梯间或前室单独设加压送风系统，送风量按门洞风速法计算，送风风机位于地下室侧墙上；地上部分的防烟楼梯间和消防电梯前室设加压送风系统，送风风机位于屋顶。

6. 消防控制要求

（1）机械排烟

1）地下室设备用房内走道排烟：火灾信号→消防控制中心→70℃电动常开防火调节阀关闭→火灾区 280℃电动常闭排烟口开启→双速风机箱切换为高转速运行→280℃排烟口熔断→双速风机箱关。

2）地下室桑拿房排烟：火灾信号→消防控制中心→所有 70℃电动常开防火调节阀关闭→非着火区 280℃电动常开排烟口或 280℃电动常开排烟阀关闭→双速风机箱切换为高转速运行→非着火区电动多叶送风口关闭→送风风机强制运行→280℃排烟口熔断→双速风机箱和送风风机关。

（2）机械防烟

1）防烟楼梯间：火灾信号→消防控制中心→相应加压送风机开。

2）消防电梯前室：火灾信号→消防控制中心→火灾层及上层多叶送风口开启→屋顶加压送风机开。

7. 管道材料与管道附件

1）通风风管：通风及防排烟系统风管均采用不燃玻璃钢风管；不燃玻璃钢的厚度应满足国家相关规范。

2）柴油发电机、热水机组烟管采用 2mm 厚普通钢板制作排烟管道。

3）风管间连接采用法兰连接，法兰垫片的厚度宜为 3～5mm；法兰垫片的材料：空调及通风系统采用 8501 材料，防排烟系统采用不燃材料。

4）空调冷热水管道全部采用碳素钢管，公称直径 $DN < 50mm$ 者，应用普通焊接钢管；$DN \geq 50mm$ 者，应用无缝钢管；$DN \geq 250mm$ 者，应用螺旋焊接钢管。水管与设备、阀件处采用螺纹连接或法兰连接；其余部分，公称直径 $DN \leq 32mm$，采用螺纹连接，$DN > 32mm$ 采用法兰连接。

5）空调凝结水管建议采用镀锌钢管。

6）当水管管径 $DN < 50mm$ 时，采用球阀或截止阀；管径 $DN \geq 50mm$ 时，采用蝶阀。

8. 防腐

1）非镀锌薄钢板风管不保温时，内表面涂刷防锈底漆两遍；外表面涂刷防锈底漆两遍，喷涂面漆两遍；保温时，内外表面各涂刷防锈底漆两遍。

2）保温空调冷、热水管道、采暖管道及分、集水器均涂刷防锈底漆两遍。

3）非保温采暖管道涂刷防锈底漆两遍，银粉漆两遍。

9. 保温与隔热

1）凡敷设在非空调房间或空调房间吊顶内的空调送、回、新风管均须保温〈除已含保温层的复合风管外〉。

2）安装在吊顶内的排烟管道，其隔热层应采用 30mm 厚离心玻璃棉或其他不燃烧材料。

3）空调冷（热）水管、分水器、集水器、换热器、阀门等均须保温，冷（热）水管、阀门采用难燃橡塑保温材料或难燃酚醛泡沫保温材料，保温层厚度为 50mm。

4）机房内、室内外明装保温管道宜作（玻璃钢管壳、铝板或不锈钢薄板）保护层。

7.2.3 实例施工图

该工程施工图见图 7-21～图 7-38（其中图 7-21～图 7-26 见书后插页）。

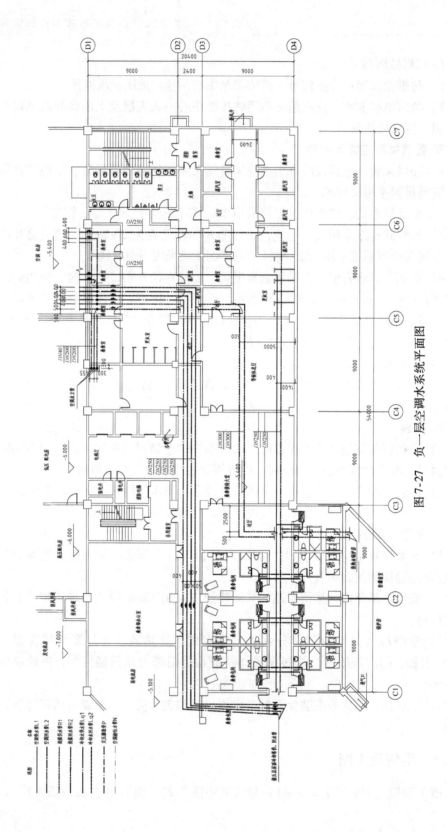

图 7-27 负一层空调水系统平面图

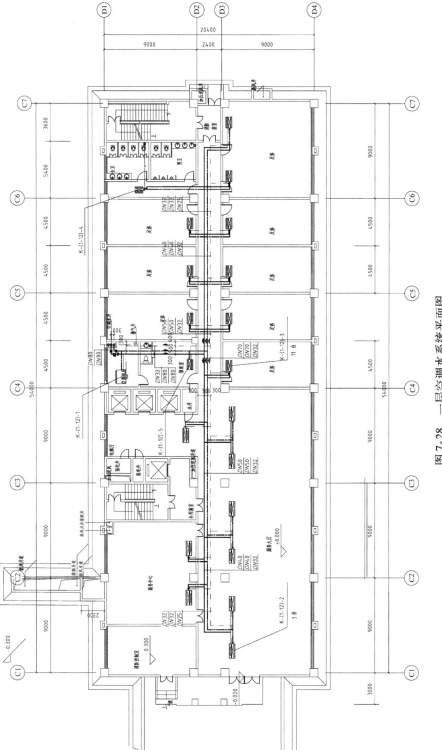

图 7-28 一层空调水系统平面图

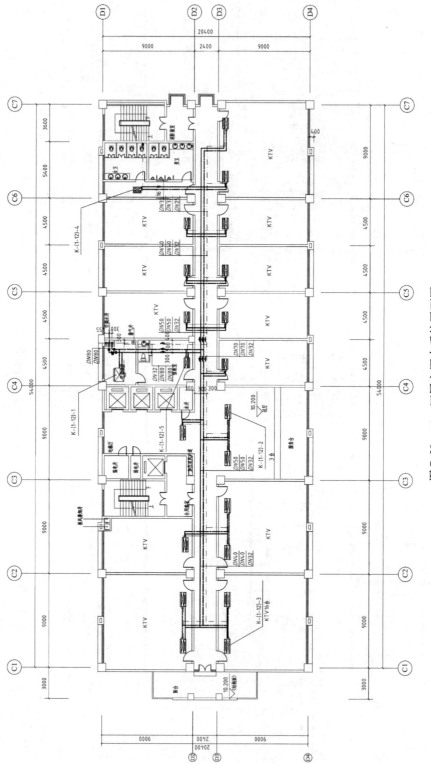

图 7-29 二~四层空调水系统平面图

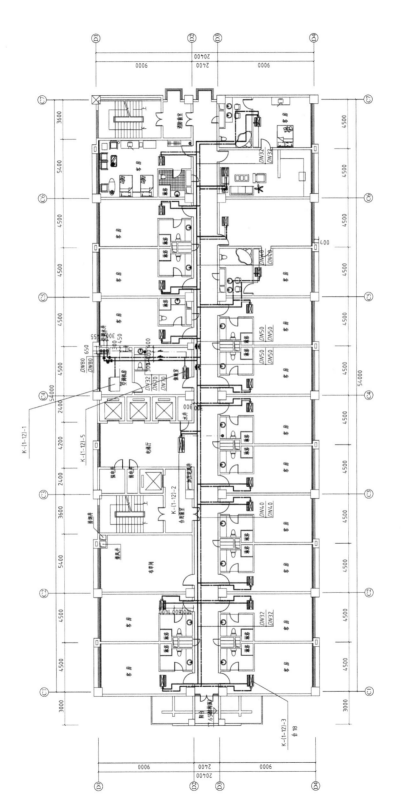

图 7-30　五～十二层空调水系统平面图

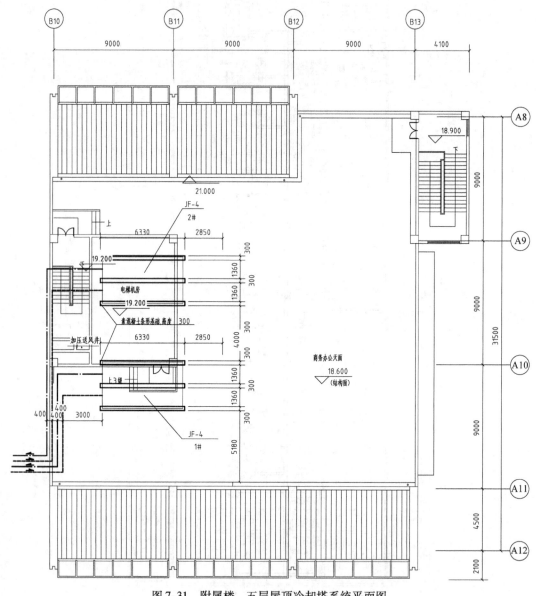

图 7-31　附属楼、五层屋顶冷却塔系统平面图

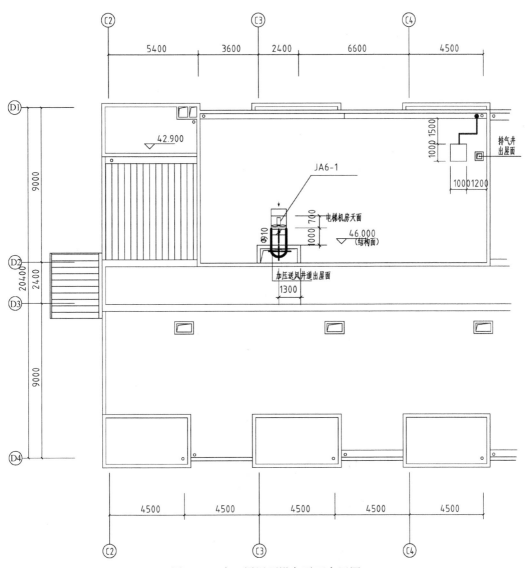

图 7-32　十二层屋顶设备平面布置图

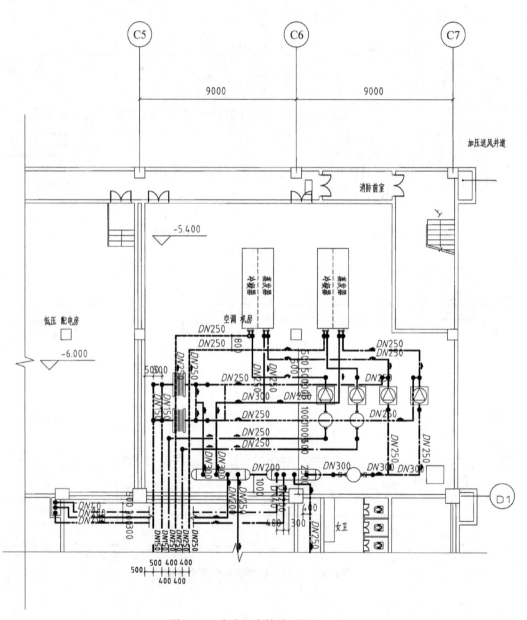

图 7-33 冷冻机房管路系统平面图

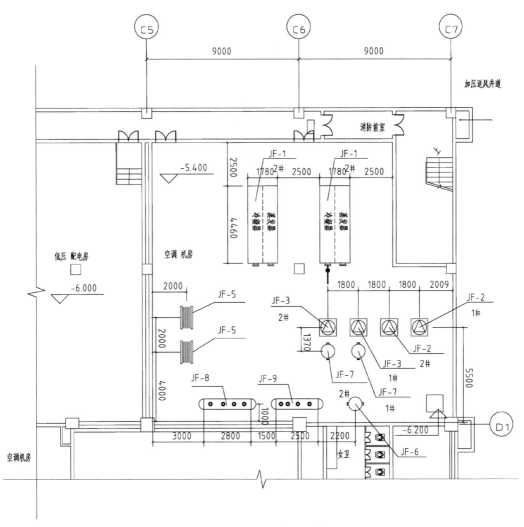

图 7-34　冷冻机房设备平面布置图

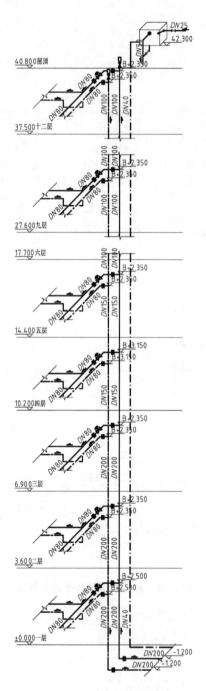

图 7-35　空调水立管系统图

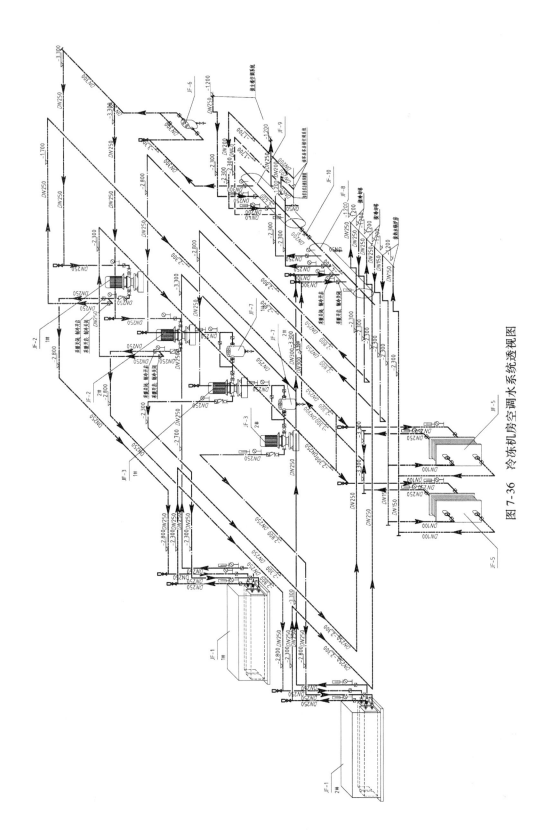

图 7-36 冷冻机房空调水系统透视图

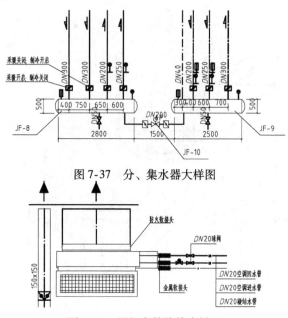

图 7-37　分、集水器大样图

图 7-38　风机盘管接管大样图

7.3　电气系统施工图实例

7.3.1　电气系统施工图识读方法

　　首先阅读设计说明，了解设计意图和工程概况；然后阅读系统图，了解工程全貌；再结合系统图，在平面图中进行对应阅读，找出变配电设备的安装部位，将各变配电设备系统图中的进线及出线回路在平面图中均找到对应；最后阅读电气工程详图。读图时，一般按进线→变、配电设备→开关柜、配电屏→各干线配电线路→建筑物总配电箱→层配电箱→户配电箱→室内配电线路→各路用电设备这个顺序进行阅读。

7.3.2　图样设计说明

　　该工程为某小学教学楼电气安装工程，共 3 层 929m^2。

1. 供电设计

　　该工程照明及其余负荷皆为三级负荷，采用 TN－C－S 制，低压电源由校内室外箱式变电站用电缆埋地引来。

2. 电缆选型及敷设方式

　　应急照明及疏散指示灯的配电线路应满足火灾时连续供电的需要。暗敷时，应穿管并应敷设在不燃烧体结构内且保护层厚度不应小于 30mm；明敷时（包括敷设在吊顶内），应穿金属管或封闭式金属线槽，并应采取防火保护措施；与其他配电线路分开敷设；当敷设在同一井沟内时，宜分别布置在井沟的两侧。当采用阻燃或耐火电缆时，敷设在电缆井、电缆沟内可不采取防火保护措施当采用矿物绝缘类不燃性电缆时，可直接明敷。

3. 防雷及接地

1）该建筑物为二类民用防雷建筑，沿屋面女儿墙四周、屋脊和屋顶装饰板暗敷设 -40 ×4 热镀锌扁钢避雷带（做法详见图集 03D501 -1 -2）。不同标高屋面避雷带连接线采用镀锌圆钢沿外墙粉刷层内暗设。屋面避雷带应焊通构成电气通路，所有暴露于屋面的金属管道、金属爬梯、设备金属外壳等金属体均应就近与防雷装置可靠相连。

2）引下线利用构造柱主筋（2 × >φ16 或 4 × >φ12）引下。此引下线通长焊通，上引出应与相应屋面避雷带可靠连接，并与各层框架钢筋及基础地梁下层钢筋可靠连接，下引至基础底板与钢筋网焊接。柱筋与女儿墙避雷带连接参见。建筑物防雷做法详见 99D501 -1《建筑物防雷设施安装》。

3）利用基础地梁下层钢筋及环形接地体做共用接地装置。所有接地均利用此接地装置，要求接地电阻实测不大于 1Ω。接地电阻检测点的安装参见 99D501 -1 做法（二）施工。应将基础地梁或承台内主筋焊连成图中所示之网格状。相应桩基础内主筋与该接地网焊连接，其余钢筋间可绑扎连接。基础钢筋与柱筋连接参见 99D501 -1《建筑物防雷设施安装》施工。另沿建筑物周边距底层室外散水 1m，埋深 1m 处敷设 -40 ×4 镀锌扁钢环形接地体。

4）所有进出建筑物的金属管道、穿线钢管、PE 干线、接地干线及建筑物内的金属构件均与环形接地体连接。总等电位连接做法详 02D501 -2《等电位联结安装》方案二。

4. 弱电说明

建筑内弱电包括通信、数据、电视，由市政弱电系统引来。弱电在施工时根据业主使用要求调整，由具体专业公司校核后施工；实际只做管线设备预留。

（1）通信系统　电话分线盒、综合配线箱墙上暗设，安装高度为底边距地 1.6m。电话出线盒、数据插座墙上暗设，安装高度为底边距地 0.3m。

（2）电视　电视电缆由电视器件总箱引来。电视前端箱设于底楼，沿桥架上下分线，安装高度为底边距地 0.3m。电视出线盒墙上暗设，安装高度为底边距地 0.3m。器件箱内放大器交流 ~220V，电源由配电箱独立回路引来。

（3）综合布线　接自市政宽带网，在底层预埋 500mm ×500mm ×150mm 配线架，在综合布线箱内及电视放大器件箱内设置与信号系统相适配的浪涌保护器。

（4）弱电穿管　1T—HBVV（2X1.13）—PC20；1X—1（4UTP）—PC20；1V—（SYKV—75—5）PC20

7.3.3　实例施工图

该工程电气系统施工图见图 7-39 ~ 图 7-51。

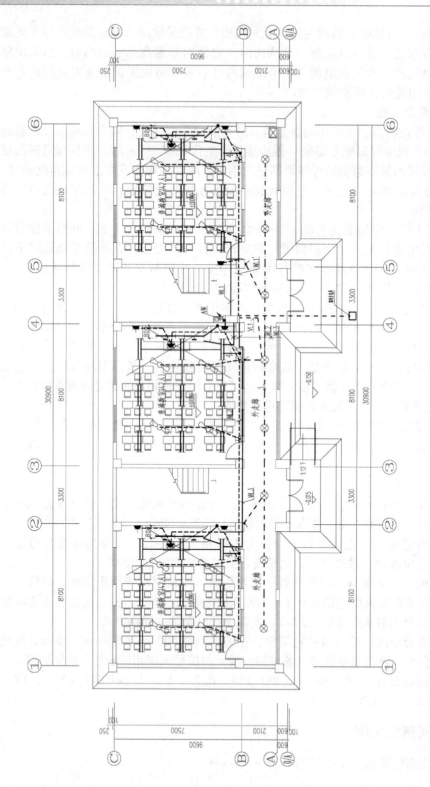

图 7-39 一层电气平面图

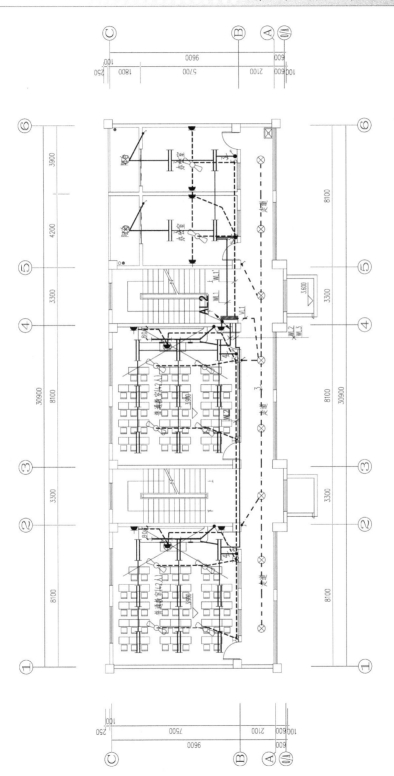

图 7-40 二层电气平面图

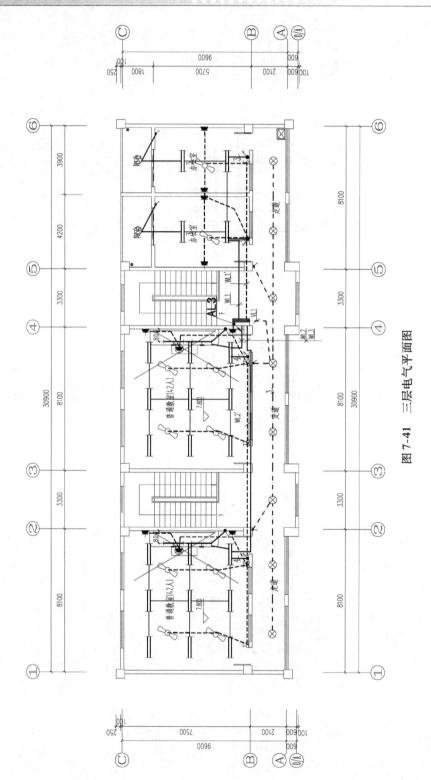

图 7-41 三层电气平面图

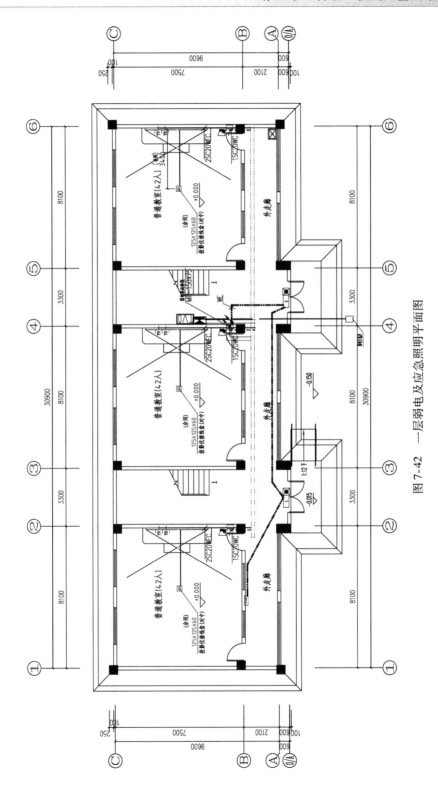

图 7-42 一层弱电及应急照明平面图

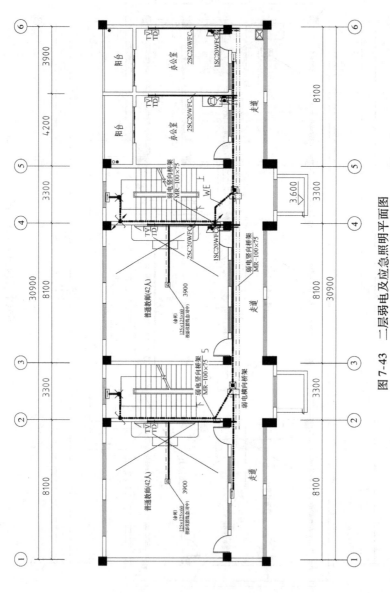

图7-43 二层弱电及应急照明平面图

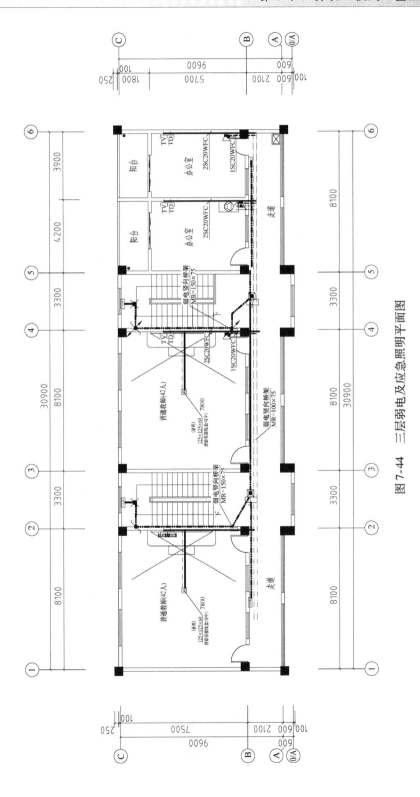

图 7-44　三层弱电及应急照明平面图

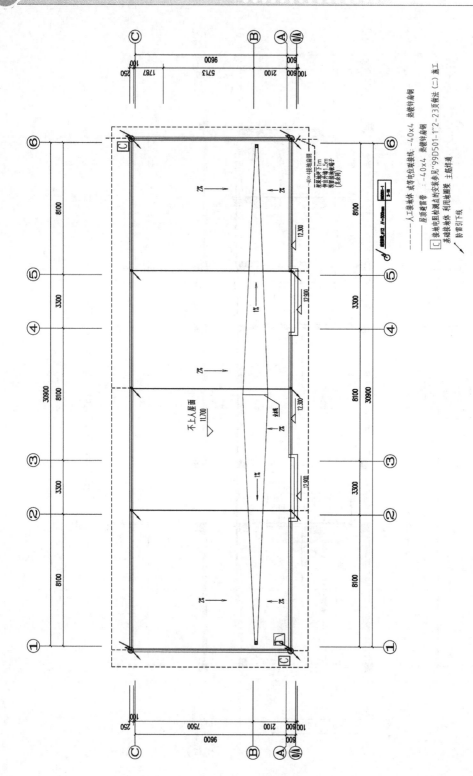

图 7-45 防雷接地平面图

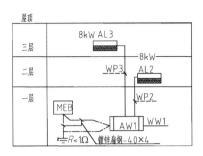

图 7-46 配电树干图

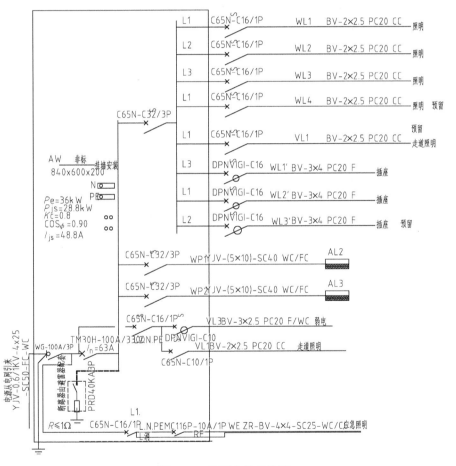

图 7-47 总配电箱系统图

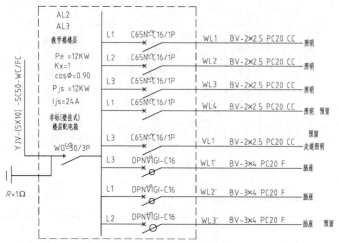

图 7-48　层配电箱系统图

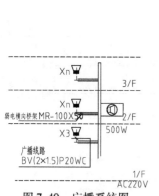

图 7-49　广播系统图

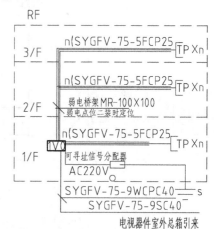

图 7-50　有线电视系统图

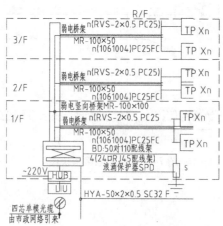

图 7-51　电话，网络系统图

参 考 文 献

[1] 张秀德, 管锡珺, 等. 安装工程定额与预算 [M]. 2版. 北京: 中国电力出版社, 2010.

[2] 朴芬淑, 等. 建筑给排水施工图识读 [M]. 2版. 北京: 机械工业出版社, 2013.

[3] 刘庆山. 建筑安装工程预算 [M]. 2版. 北京: 机械工业出版社, 2012.

[4] 丁云飞. 安装工程工程量清单计价工作手册 [M]. 北京: 化学工业出版社, 2007.

[5] 吴心伦. 安装工程造价 [M]. 6版. 重庆: 重庆大学出版社, 2012.

[6] 吴信平, 王远红. 安装工程识图 [M]. 北京: 机械工业出版社, 2012.

[7] 陈翼翔. 建筑设备安装识图与施工 [M]. 北京: 清华大学出版社, 2010.

[8] 赵荣义. 空气调节 [M]. 4版. 北京: 中国建筑工业出版社, 2009.

[9] 苗月季, 刘临川. 安装工程基础与计价 [M]. 北京: 中国电力出版社, 2010.

[10] 杨大欣. 安装工程识图 [M]. 2版. 北京: 中国劳动社会保障出版社, 2008.

[11] 文桂萍. 建筑设备安装与识图 [M]. 北京: 机械工业出版社, 2010.

信息反馈表

尊敬的老师：您好!

感谢您多年来对机械工业出版社的支持和厚爱! 为了进一步提高我社教材的出版质量，更好地为我国高等教育发展服务，欢迎您对我社的教材多提宝贵意见和建议。另外，如果您在教学中选用了《建筑安装工程识图》（李海凌　李太富　主编），欢迎您提出修改建议和意见。索取课件的授课教师，请填写下面的信息，发送邮件即可。

一、基本信息

姓名：_____ 性别：_____ 职称：_____ 职务：_____

邮编：_____ 地址：_____

学校：_____ 院系：_____ 专业：_____

任教课程：_____ 手机：_____ 电话：_____

电子邮件：_____ QQ：_____

二、您对本书的意见和建议
（欢迎您指出本书的疏误之处）

三、您对我们的其他意见和建议

请与我们联系：

100037　机械工业出版社·高等教育分社

Tel：010-88379542（O）　刘编辑

E-mail：ltao929@163.com

http://www.cmpedu.com （机械工业出版社·教育服务网）

http://www.cmpbook.com （机械工业出版社·门户网）

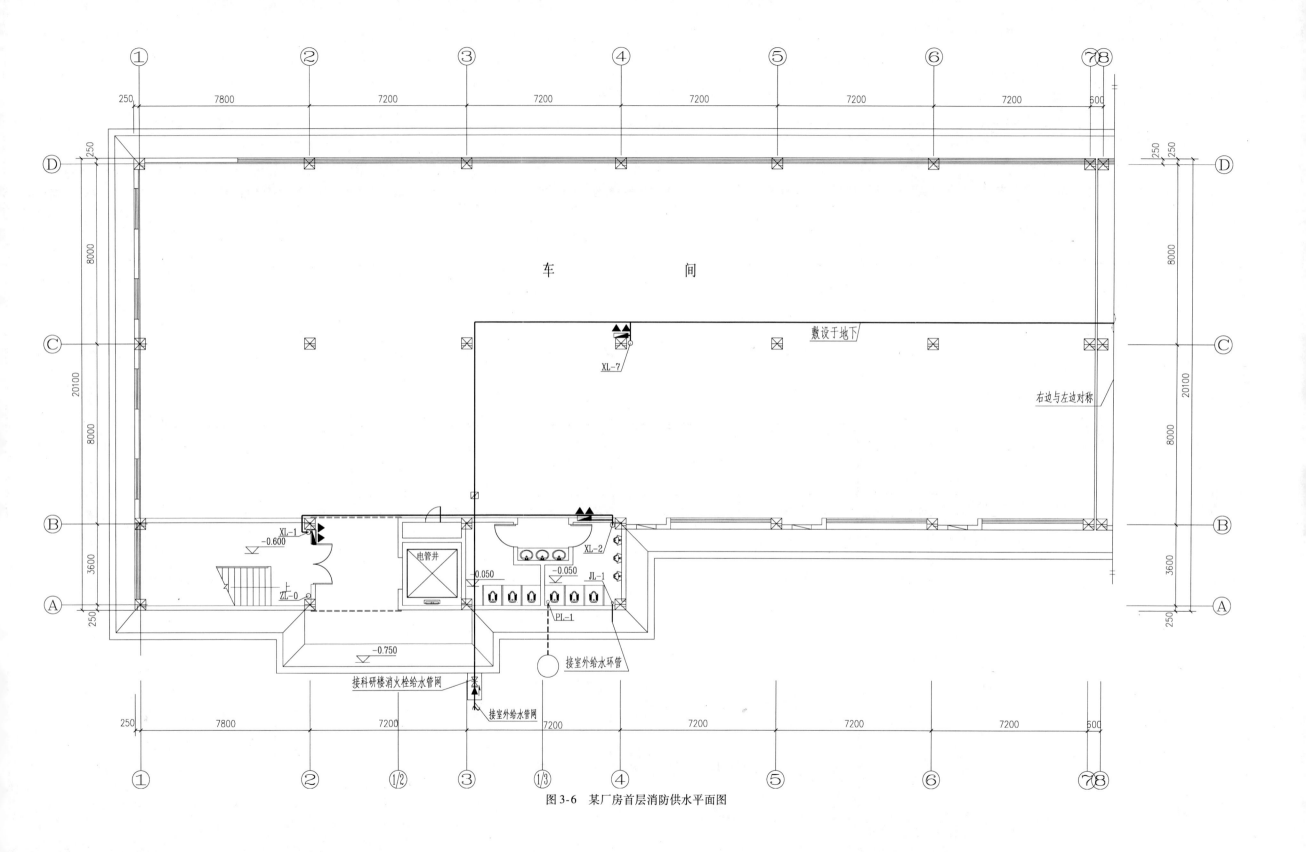

图 3-6 某厂房首层消防供水平面图

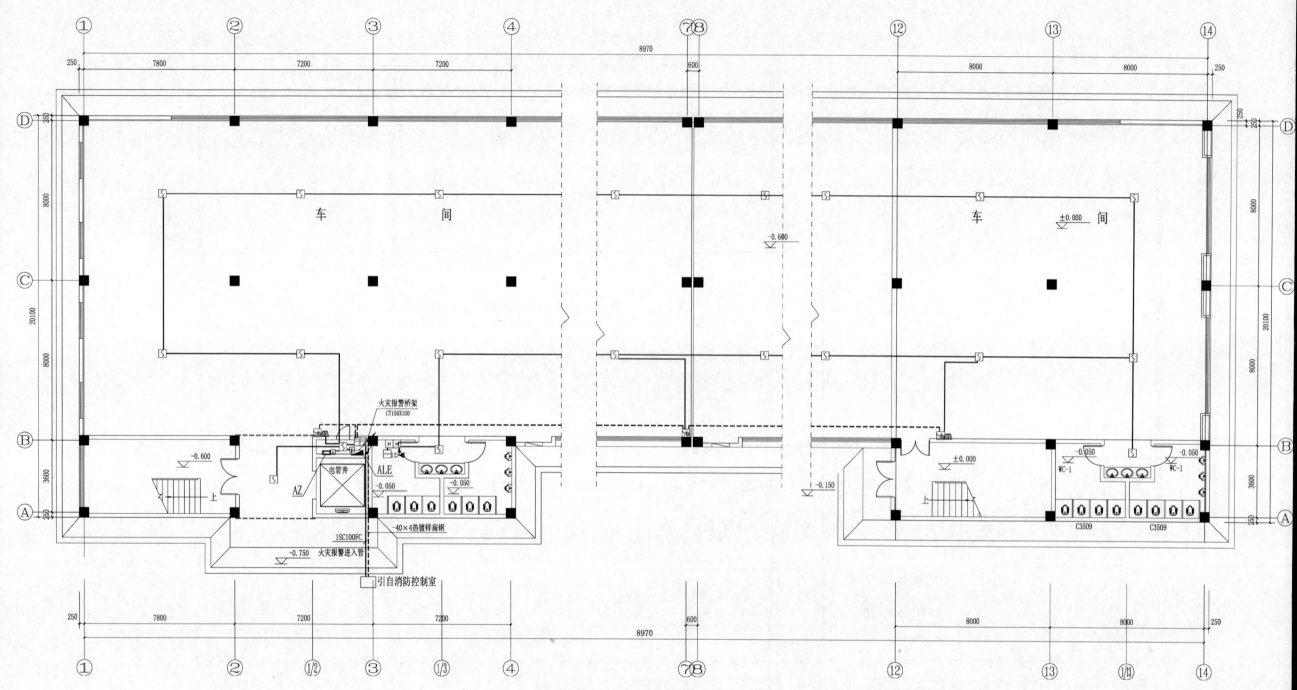

图 6-13　某厂房一层火灾自动报警平面图

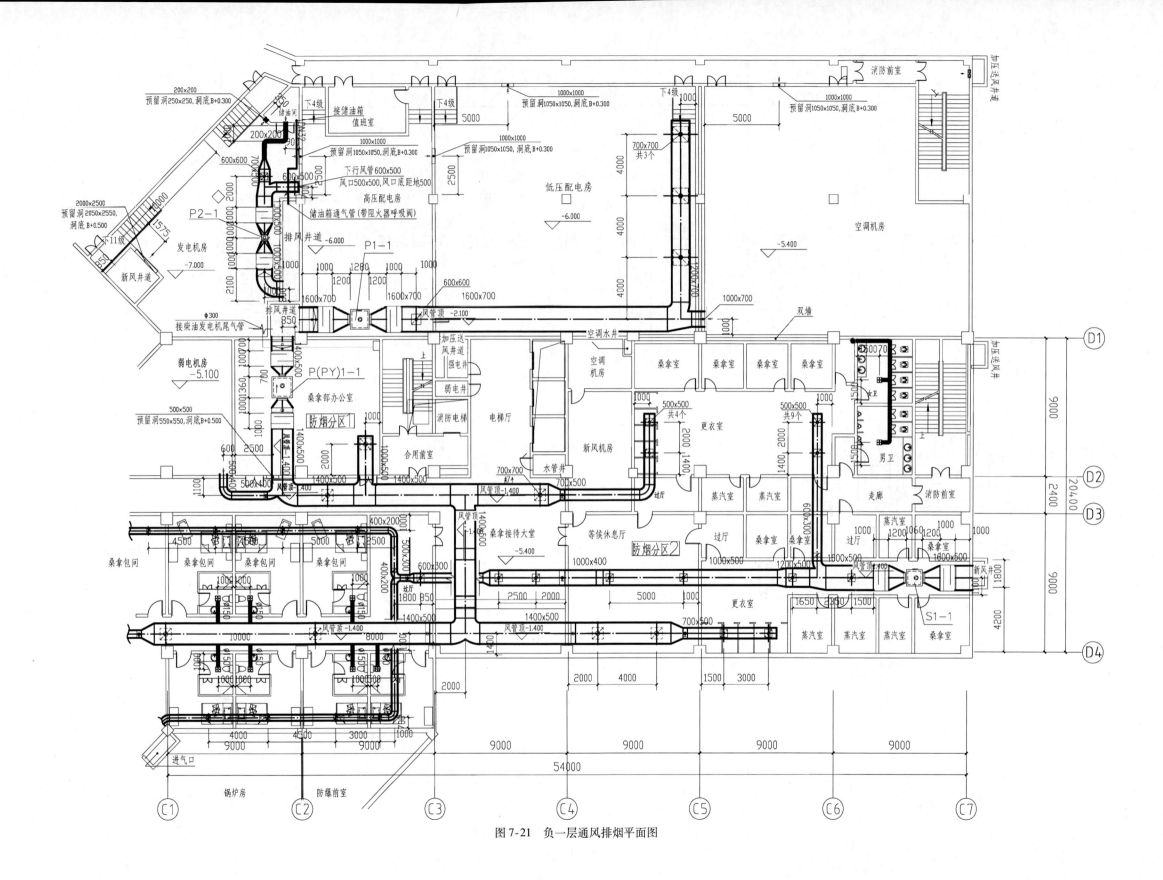

图 7-21　负一层通风排烟平面图

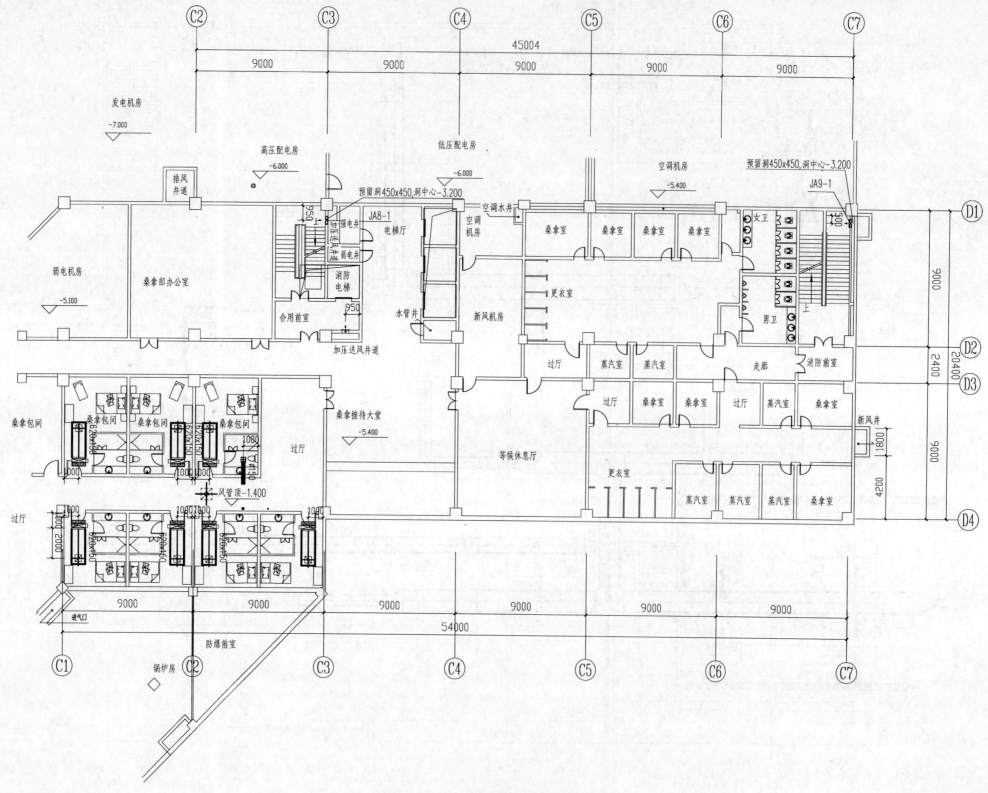

图 7-22 负一层空调风系统及防烟系统平面图

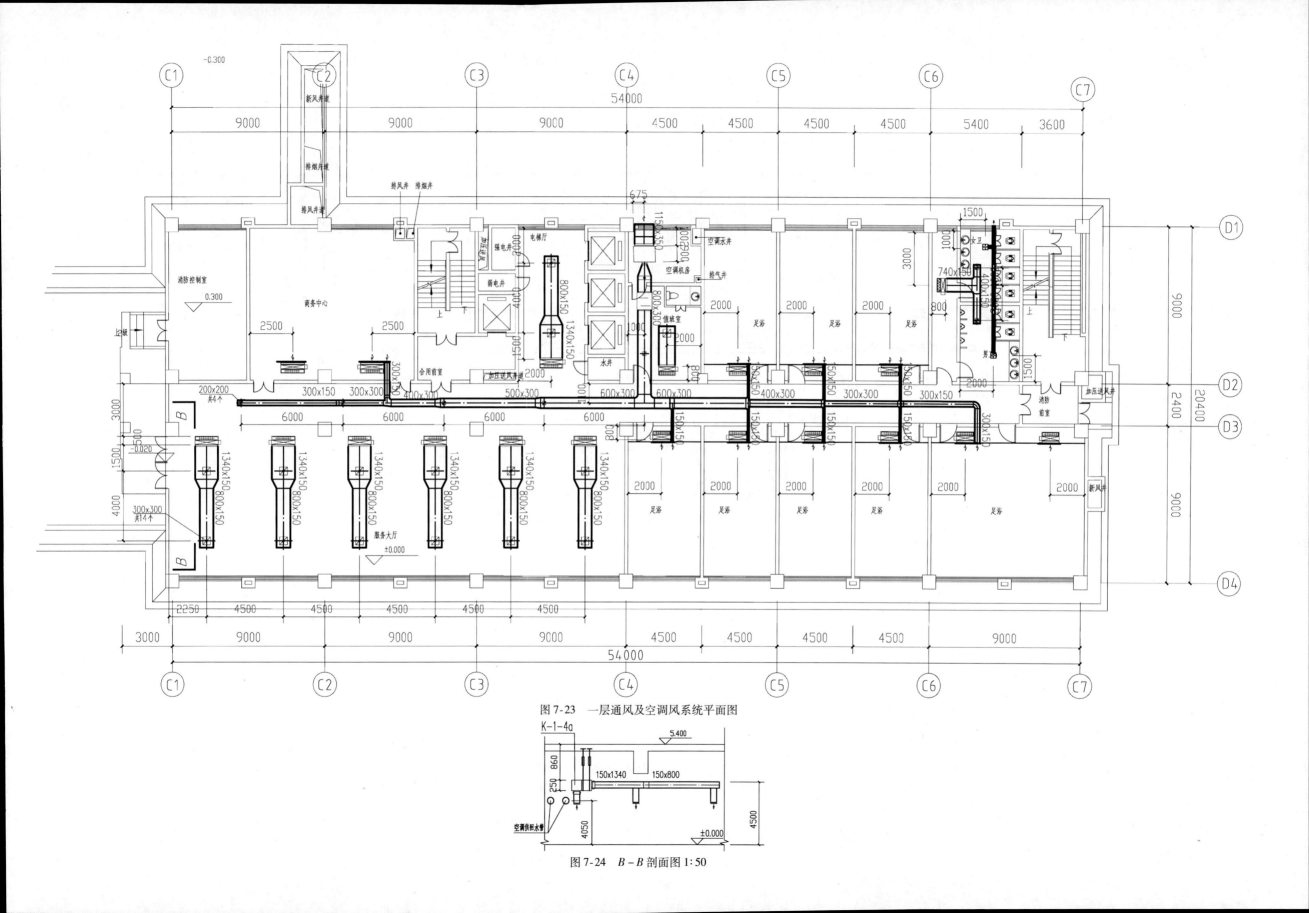

图 7-23　一层通风及空调风系统平面图

图 7-24　B－B 剖面图 1:50

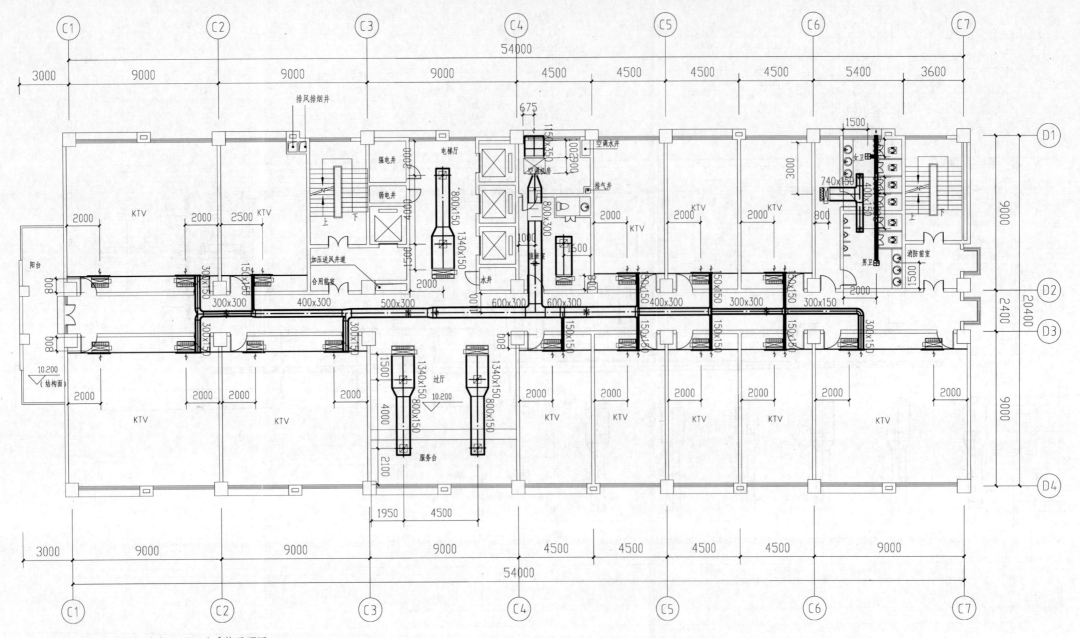

注：1. 空调设备标号详见水系统平面图。
  2. 未注明标高的风管均贴梁安装，相应风机的底标高与风管低标高相同；客房楼进入房间的新风支管下翻贴房间主梁进入，支管均设相应口径的调节阀。
  3. 客房楼风机盘管安装高度：盘管顶部距楼板150mm。
  4. 卫生间通风器的安装高度配合二装确定。

图 7-25　二~四层通风及空调风系统平面图

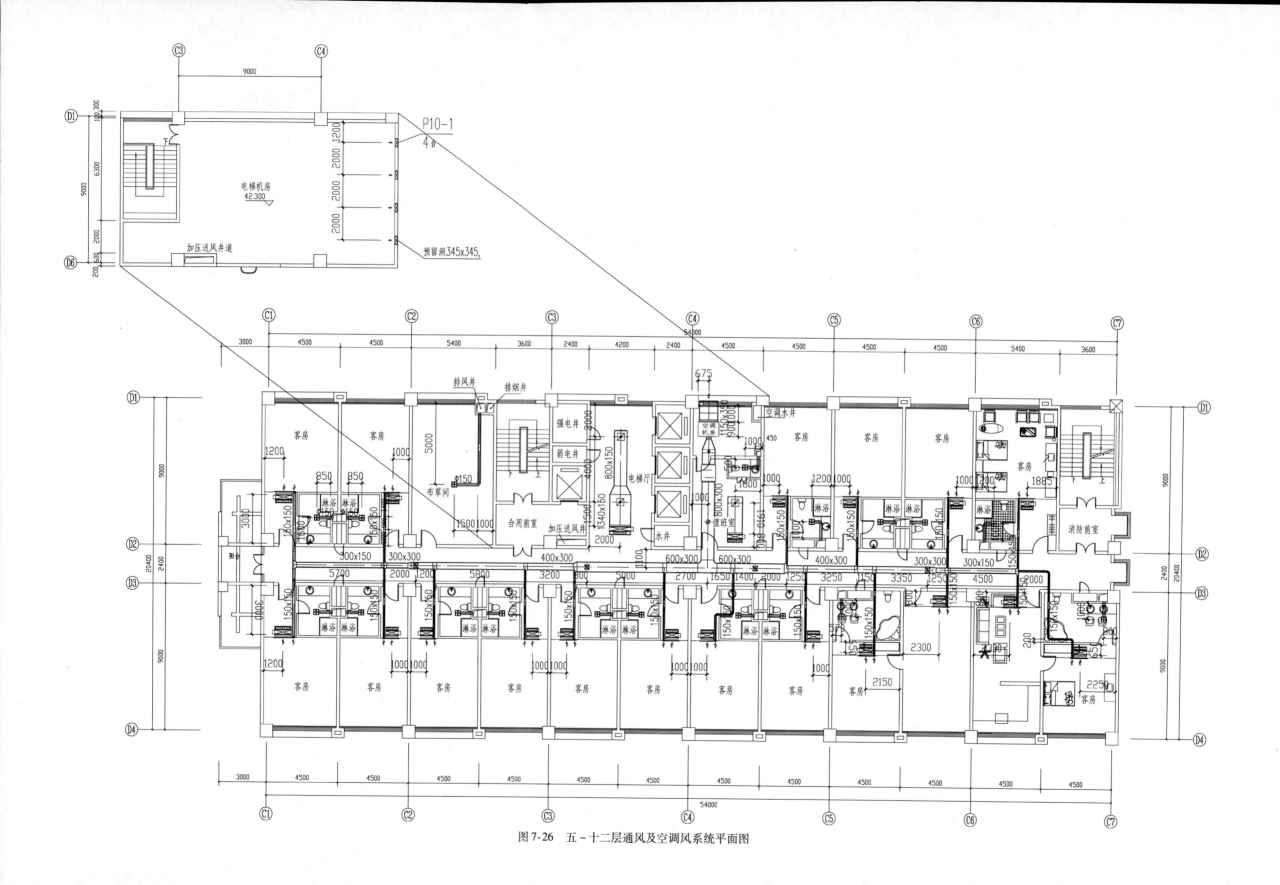

图 7-26　五～十二层通风及空调风系统平面图